AF532106

ARMIN HAFNER

ABENTEUER LUCHS

ARMIN HAFNER

ABENTEUER LUCHS

Auf der Fährte der europäischen Raubkatze

GMEINER

Soweit nicht im Folgenden gelistet, stammen alle Bilder von Armin Hafner: lightpix/iStockphoto.com (Titelbild), FVA - Forstliche Versuchsanstalt Freiburg (S. 20, S. 21, S. 24, S. 25, S. 29, S. 30, S. 47, S. 48, S. 49, S. 100, S. 101, S. 123, S. 124), Franz Frey (S. 10, S. 11), Herbert Holzmann (S. 28), Gilbert Paquet (S. 35, S. 36, S. 37, S. 38, S. 39, S. 40, S. 41, S. 42), Karl Gutzweiler (S. 43), H-J Klaiber (S. 139)

Besucher Sie uns im Internet:
www.gmeiner-verlag.de

Telefon 07575/2095-0, info@gmeiner-verlag.de

1. Auflage 2023

Lektorat/Redaktion: Isabell Michelberger
Layout, Umschlaggestaltung: Florian Gmeiner

Druck: Florjančič tisk d.o.o.
Printed in Slowenia
ISBN 978-3-8392-0321-7

Inhalt

Armin Hafner

NATURMENSCH UND FACHMANN FÜR WILDTIERE

Armin Hafner wuchs am Rande des Donautales auf, weshalb Wildtiere seit der frühesten Kindheit zum festen Bestandteil seines Lebens gehören. Oft zog es ihn auf eigene Faust in die Wälder des Donautales, wo er die ersten Begegnungen mit Wildtieren erlebte. Mit der Jägerprüfung im Jahr 1992 und der anschließenden Falknerprüfung nahm er erfolgreich die erste Hürde auf dem Weg zu seiner heutigen Arbeit als Fachberater für Wildtiere im Naturpark Obere Donau.

Während seiner mehrjährigen Tätigkeit als Berufsfalkner erlernte er den Umgang mit Greifvögeln aller Arten. Bis zum heutigen Tag zählen für ihn die Stunden, die er mit seinen Steinadlern im Revier gemeinsam verbringt, zu den ganz besonderen Momenten. Hunderte von Greifvogelpfleglingen sind in den vergangenen Jahrzehnten von ihm rehabilitiert und wieder aus seiner Hand ausgewildert worden.

Ein weiterer Tätigkeitsschwerpunkt Armin Hafners ist die Jägerausbildung, innerhalb der die künftigen Jäger und Jägerinnen Kenntnisse für eine erfolgreiche Hege erhalten. Dabei setzte die Gründung des Wildtierinformations- und Schulungszentrums Jagdschule Wald mit seiner einzigartigen Lehrsammlung ganz neue Maßstäbe in puncto Aus- und Weiterbildung.

In zahlreichen Fachgremien gilt Hafner als ein geschätzter Vertreter seines Faches. Im Naturpark Obere Donau ist er darüber hinaus als Fachberater für Wildtiere ein wichtiger Anlaufpunkt an allen Tagen des Jahres. Gerade die gelebte und erfahrene Praxis bilden den Grundstock für das fachkompetente Wissen um Wildtiere, das ihn in vielen Bereichen zum gefragten Berater macht.

Im Jahr 2005 kam unerwartet eine neue Aufgabe auf den Jäger zu. Im Naturpark Obere Donau tauchte der erste Nachweis eines Luchses auf. Auf ihn richtete Armin Hafner ab diesem Zeitpunkt sein besonderes Augenmerk. Bereits nach kurzer Zeit machte ihn dies bei allen Beteiligten in Sachen Luchs bekannt.

Zu den Schwerpunkten seiner Aufgaben in diesem Bereich zählte stets die Vermittlung zwischen Jägern und dem Wildtier sowie die Aufklärung und Kompetenzbildung. Sie stand nach einer über hundertjährigen Abwesenheit von Großraubtieren in Deutschland an einem neuen, manchmal schwierigen Anfang.

Einen solchen Bezug zur Natur zu haben, den nur wenige Menschen in unserer Gesellschaft in der Praxis erleben dürfen, ist für Armin Hafner ein wichtiger Lebensmittelpunkt.

Lieber Naturfreund,

zum Bestandteil der Luchsbeobachtungen zählen Hunderte von Bildern, die ich seit 2015 als Fachberater im Naturpark Obere Donau aufnehmen konnte. Nach dem Motto „Bilder sagen manchmal mehr als so manches geschriebene Wort" soll eine kleine Auswahl in diesem Buch von meiner Arbeit erzählen, die aufregenden Begegnungen dokumentieren und die Faszination vermitteln, die ich erleben durfte. Gerne möchte ich diese Erlebnisse mit Ihnen teilen, in denen auch der Tod von Wildtieren, die dem Luchs als Beute dienen, eine Rolle einnimmt. Ich wünsche Ihnen beim Betrachten der Bilder, dass Sie die Freude und Spannung spüren, welche uns die erlebbare Wildnis bietet und welche uns Ansporn geben sollte, sie für die Zukunft zu schützen und zu erhalten.

Armin Hafner

Vorwort

Lias war der Name, den Armin Hafner am 30. Januar 2019 um 6 Uhr morgens vor mir mit seinem Finger in den Schnee schrieb. Es war die Antwort auf meine Frage, welchen Namen er denn für den Luchs vorschlagen würde, den wir mit seiner Hilfe gut zwei Stunden zuvor in seinem Jagdrevier in einer Kastenfalle gefangen hatten. Wir kannten den männlichen Luchs mit der wissenschaftlichen Bezeichnung *B600* schon einige Monate, seit er zufällig vor die Linse einer Fotofalle gelaufen war. Wir wussten außerdem, dass er aus dem Schweizer Jura ins Obere Donautal gewandert war.

Zusammen mit meinem Team von der Forstlichen Versuchs- und Forschungsanstalt Baden-Württemberg (FVA) war ich nun kurz davor, den Luchs in Narkose zu legen und mit einem Halsbandsender auszustatten. Diese wichtige Kennzeichnung wurde nur möglich, da Armin Hafner das Obere Donautal sprichwörtlich wie seine Westentasche kennt und damit wusste, wie wir vorgehen müssen, um uns dem Luchs zu nähern.

Die Standortwahl der Kastenfalle beruhte auf Armins hervorragendem Wissen über das Verhalten der Luchse in diesem beeindruckenden Naturraum, den er selbst seit seiner Kindheit durchstreift. Wir stellten die Falle dort auf, wo der Luchs regelmäßig durch sein Revier zog. Geplant war zunächst eine Besenderungszeit von zwei Jahren, um im Rahmen des Forschungsprojektes Luchstelemetrie in Baden-Württemberg seine Aktivitäten zu dokumentieren. Was Armin und auch wir in dieser Nacht nicht wissen konnten: Die Besenderung von *Lias* veränderte das Leben von Armin bis heute auf ganz außergewöhnliche Weise, denn es wurde nun zur täglichen Beschäftigung in seiner zukünftigen Arbeit mit dem Luchs. Eine besondere jagdliche Herausforderung, die so nur wenigen Menschen gegönnt ist.

Doch *Lias* war nicht der erste Luchs, der Armins Jagdrevier durchstreifte und ihn in seinen Bann zog. Bereits im Jahr 2005 unterstützte uns Armin Hafner dabei, den ersten gesicherten Luchsnachweis nach der Ausrottung dieser beeindruckenden Katzenart im Oberen Donautal zu erbringen und das Tier über Fotofallen und Fährtenfunde zu beobachten. Elf Jahre später war er bei der ersten Besenderung eines Luchses im Oberen Donautal dabei, und spätestens mit Luchs *Lias* gilt seine Begeisterung vorwiegend dem Beobachten, Erkunden und Ablichten dieser seltenen Großkatzen.

Damit geht er jedoch nicht nur seiner persönlichen Leidenschaft nach. Er unterstützt mit seinem Einsatz die Arbeit der örtlichen Wildtierbeauftragten und der FVA im landesweiten Luchs-Monitoring.

In unserem Auftrag sucht er seit Jahren die Orte auf, bei denen die Telemetriedaten ein gerissenes Tier vermuten lassen, und unterstützt damit unsere Forschungsarbeit. Die geschieht in Kooperation mit dem Landesjagdverband Baden-Württemberg e.V., der diese ehrenamtliche Tätigkeit finanziell unterstützt. Der WWF Deutschland finanzierte Fotofallen, mit denen Armin einmalige und faszinierende Aufnahmen von Luchs *Lias* gelangen. Sie sind im Luchsinfopoint bei der Burg Wildenstein zu sehen.

Mit den Luchsen verbindet Armin jedoch viel mehr als der indirekte Kontakt mithilfe von Telemetriedaten oder Fotofallen. Vermutlich gibt es nur wenige Menschen, die Luchsen in freier Wildbahn so häufig - auch unverhofft - nahe gekommen sind. Die Begeisterung für diese Tiere, die bei ihm im Verlauf der vergangenen Jahre stetig wuchs, lässt sich durch die Geschichten und Bilder in diesem Buch auf beeindruckende Weise erfahren. Keine Spur von Konkurrenz des Jägers, sondern Respekt und Faszination prägen seine Einstellung zum Luchs. Er ist damit ein wichtiger Botschafter für eine der seltensten Tierarten in Deutschland. Der Eurasische Luchs ist auf solche Botschafter angewiesen, welche die Ziele von Jagd und Naturschutz vereinen und für die gemeinsame Vision einer lebensfähigen Luchspopulation in Deutschland werben.

Dr. Micha Herdtfelder
Leiter des Arbeitsbereiches Luchs und Wolf am FVA-Wildtierinstitut der Forstlichen Versuchs- und Forschungsanstalt Baden-Württemberg

Das Obere Donautal

REFUGIUM FÜR BEDROHTE TIERARTEN

Das Obere Donautal zählt in vielerlei Hinsicht zu den ganz besonderen Landstrichen in Baden-Württemberg. Zwischen dem Schwarzwald im Westen, dem Bodenseegebiet südlich, Oberschwaben an der östlichen Grenze und der Schwäbischen Alb im Norden bildet der Naturpark Obere Donau einen markanten Knotenpunkt im Südwesten von Baden-Württemberg. Buchenmischwälder und Kalkfelsen bestimmen das Bild dieser Landschaft.

Hier aufzuwachsen und arbeiten zu dürfen, bleibt ein großes Glück in meinem Leben. Solche Landschaften zu schützen, sollte unser aller Mühe wert sein. Denn nur diese Lebensräume gewähren auch in Zukunft letzte Refugien für bedrohte Arten und ermöglichen ihnen damit ein Überleben.

Die Lenzenfelsen

Bandfelsen

Hohler Felsen

Die erste Sichtung eines Luchses

Ich kann mich noch gut an den gemeinsamen Ansitz mit Jagdfreund Otto erinnern, welcher der Beginn eines besonderen Teils in meinem Leben werden sollte.

Es war der 24. August 2005. Der Abend begann, ohne dass wir ahnten, was wir eine Stunde später erleben durften. Eigentlich galt der Ansitz unseren Gämsen im Revier, die sich an dieser Stelle, unweit der Felsen, fast immer blicken ließen. Kurz nach halb neun zog dann aber etwa 80 Meter vor uns etwas über die Fläche, mit dem keiner von uns beiden gerechnet hatte: ein Luchs!

Seit wohl 130 Jahre war dies eine der ersten Sichtungen unserer größten europäischen Raubkatze in Baden-Württemberg.

Zwar war der Luchs zu dieser Zeit immer wieder Gesprächsthema, aber ein solches Tier hier zu haben, war Wunschdenken und für die meisten von uns nicht vorstellbar. Ab diesem Tag jedoch begann der Luchs ein Teil meines Lebens zu werden.

Nur wenige Wochen später bestätigte eine Videoaufnahme seine Anwesenheit. Was für eine Sensation! Ein Luchs im Oberen Donautal.

Bald ergaben sich viele Fragen, auf die zu diesem Zeitpunkt noch keiner eine Antwort geben konnte. Woher stammt er? Welche Auswirkungen hat er auf unsere Reviere? Katze oder Kuder (männlicher Luchs)?

Die zahlreichen Diskussionen, die in den darauffolgenden Wochen geführt wurden, waren oft mit sehr starken Emotionen verbunden. Dass wir heute mehrere Luchse und sogar Wölfe im Ländle haben, das war damals unvorstellbar!

Der Winter 2005/2006 war lang und schneereich. Er bescherte uns von November bis in den April hinein eine geschlossene Schneedecke. Deshalb dauerte es nicht lange, bis ich meine erste Luchsspur fand und ihr mit Spannung folgte.

Risse im Winter 2006

Einige wenige, gefundene Risse gaben die Möglichkeit, mit den noch aufwendigen ersten Wildtierkameras, die dort installiert wurden, den Luchs zu bestätigen. So vergingen die Monate mit der Gewissheit, nicht allein im Revier auf Jagd zu gehen.

Mit Gerhard, einem Wildtierexperten, folgte ich dem Luchs im Schnee nun regelmäßig durchs Gelände. Gerhard gehört zu den wenigen Wildbiologen, die bereits damals mit einem Luchs Praxiserfahrung hatten. Ich nutzte jede Gelegenheit, ihn bei seinen Untersuchungen zu begleiten. Es war eine einzigartige Chance für mich, dabei zu lernen und zu sehen, was das Auge sonst nie erblickt hätte.

Ich erfuhr beispielsweise, dass die Wechsel der Luchse meist immer die gleichen bleiben. Mein Gespür für diese Tiere wuchs mit jeglicher Art der Begegnungen. Im Sommer 2006 verlor sich die Spur des Luchses plötzlich und tauchte erst wieder zu Beginn des Jahres 2007 auf, als er auf der Autobahn bei Ulm sein Leben lassen

musste. Die Erfahrung mit dem Wildtier, die ich in dieser Zeit sammelte, sollte zehn Jahre später überraschenderweise von großem Vorteil für mich sein, denn die Beschäftigung mit diesen Luchsen glich unseren Erfahrungen aus den Jahren 2005/2006.

Der Luchs ging zwar, mich führte er jedoch in die Arbeitsgemeinschaft Luchs (AG Luchs), die sich damals noch mit viel Theorie und wenig praktischem Wissen beschäftigten musste.

Meine erste Luchsfährte im Winter 2005

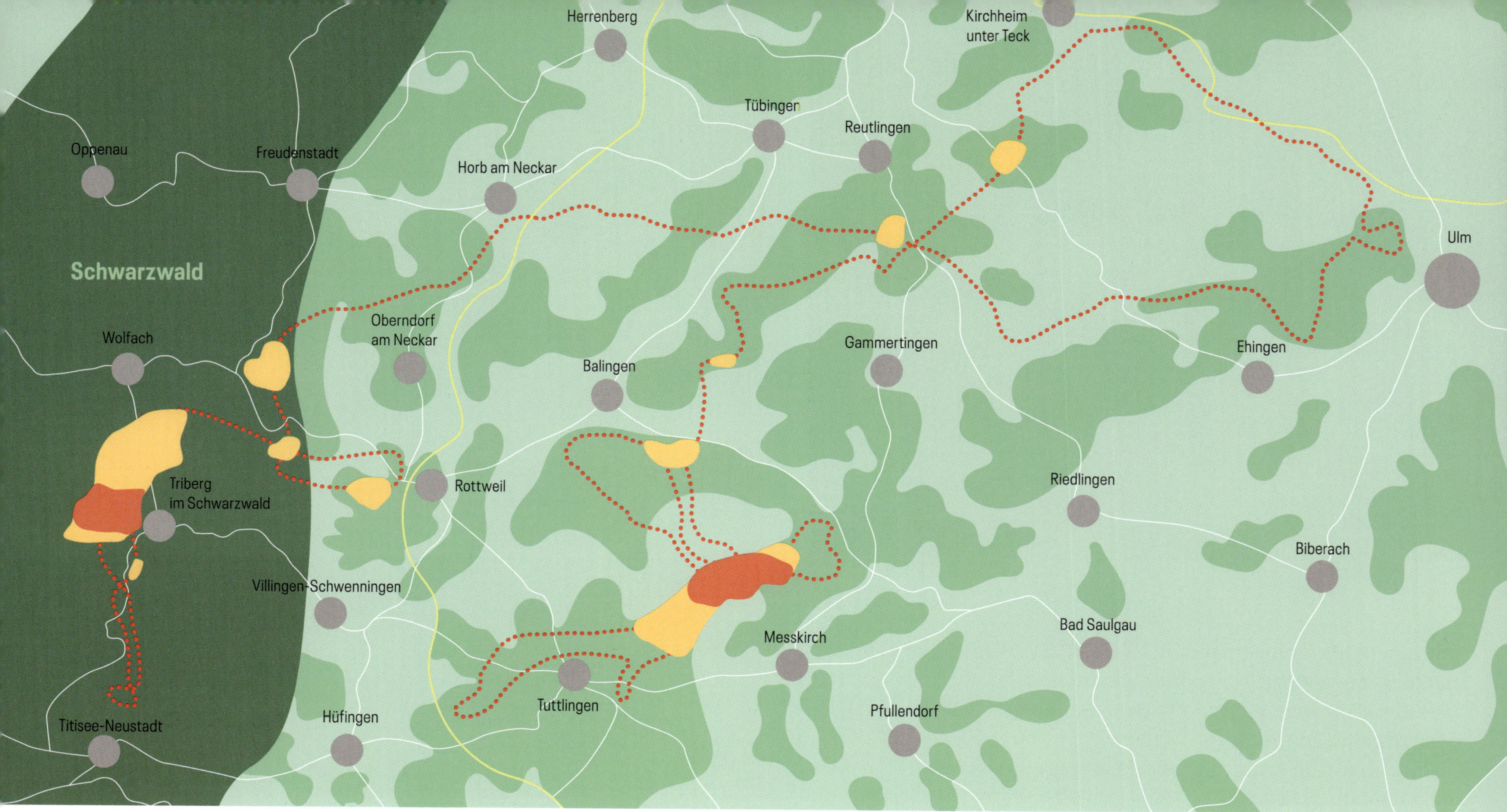

Die Wanderung von *Friedl*

Friedl zeigt sich

DER EINWANDERER AUS DEM SCHWEIZER JURA

Mit *Friedl*, der im Herbst 2015 auftauchte, endete die „luchslose" Zeit im Oberen Donautal.

Friedl, ein bereits registrierter Luchskuder mit der wissenschaftlichen Bezeichnung B415, wurde im Schweizer Jura geboren. Er wanderte im Frühjahr 2015 in den Südschwarzwald ein. Nach dem vierten Riss in einer Schafkoppel gelang es der Forstlichen Versuchsanstalt (FVA) in Freiburg, den Luchs zu fangen und zu besendern. Somit bekam der erste Luchs im Ländle einen Namen: *Friedl*. Nach weni-

Mein erster Bildnachweis

Das Tageslager von Luchs *Friedl*

gen Wochen im Schwarzwald machte sich *Friedl* auf Erkundungstour durch Baden-Württemberg. Sein Weg führte ihn vom Schwarzwald bis nach Ulm, über die Schwäbische Alb und in der ersten Oktoberwoche 2015 dann ins Tal der Oberen Donau.

Schon bald nach seiner Ankunft erreichte mich der erste Anruf eines Jagdpächters. Er hatte einen Riss gefunden. Wir bauten sogleich eine Fotofalle auf, die uns noch am selbigen Abend die Anwesenheit von *Friedl* bestätigen konnte. Zwei Wildtierkameras, die wir eigentlich fürs Wildkatzen-Monitoring angeschafft hatten, brachten mir einige Tage später die ersten eigenen Bilder eines Luchses in meinem Revier.

Es folgten spannende Monate, da wir den Luchs durch die Telemetriedaten im Bereich des Naturparks verfolgen konnten. Die erste eigene Sichtung von *Friedl* war ein besonderes Erlebnis für mich. Als er bei einer Drückjagd während des Treibens durch Hunde aufgeschreckt wurde, zog er in einer Distanz von 30 Metern an mir vorbei, um in den Felsen über mir ein ruhiges Plätzchen zu suchen. Am folgenden Tag entdeckte ich im Schnee sein Lager, in dem er zuvor gelegen hatte. Es befand sich auf einem kleinen Felskopf, gut abgeschirmt unter den Ästen einer Fichte, und lag nur etwa 80 Meter von meinem Stand entfernt.

Das Trittsiegel vor der Haustüre beim alten Forsthaus

Zu Beginn des Jahres 2016 versuchten wir, *Friedl* noch einmal zu besendern, da sein Sendehalsband so programmiert war, dass es im April abfiel. Für mich persönlich verband sich jeder Fangversuch in diesem Winter mit viel Spannung. Leider gehörten dazu aber auch zahlreiche schlaflose Nächte, in denen ich die meiste Zeit frierend im Auto verbrachte, da ich nicht wie die anderen eine Standheizung besaß. Die ersten Anläufe waren äußerst vielversprechend, jedoch sollte dieses Unterfangen bei *Friedl* leider nie mit Erfolg gekrönt werden. Er bewies uns, dass es nicht so einfach ist, einen Luchs einzufangen – vor allem wenn er schon einmal mit der Falle Bekanntschaft gemacht hatte.

Ein Gamsbock fiel *Friedl* zum Opfer

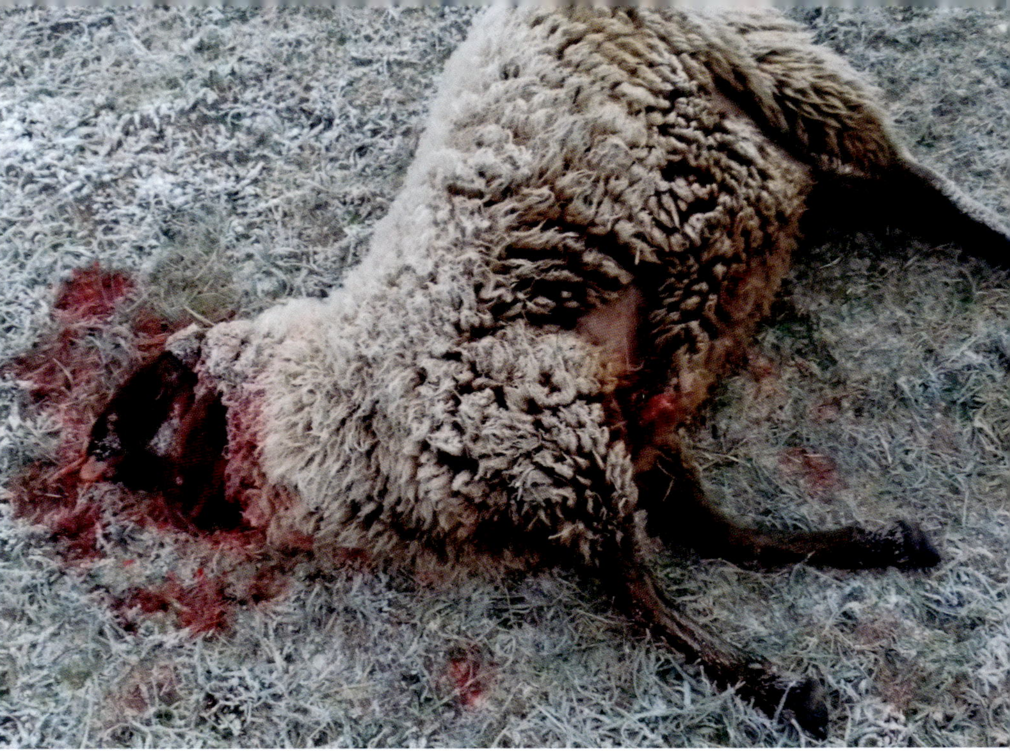

GPS-Halsband von Luchs *Friedl* mit Drop-Off-Funktion

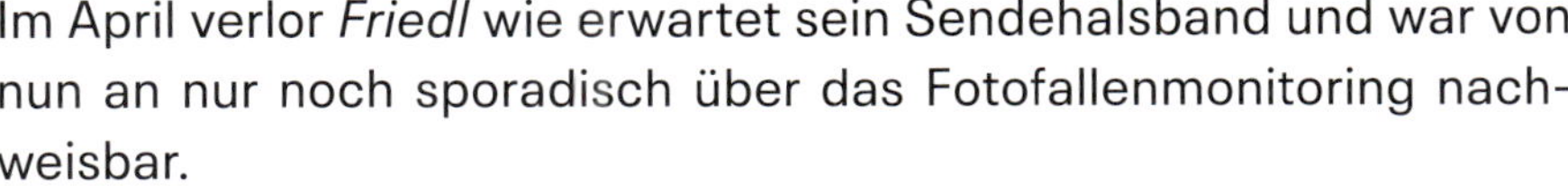
Im April verlor *Friedl* wie erwartet sein Sendehalsband und war von nun an nur noch sporadisch über das Fotofallenmonitoring nachweisbar.

Leider legte *Friedl* seine Gewohnheit, Nutztiere zu erbeuten, nicht ab. So bekam ich im Winter 2016/17 spätabends den Anruf eines Tierhalters, der ein getötetes Schaf in seiner Koppel entdeckte. Diese befand sich zu diesem Zeitpunkt auf einer Waldwiese in meinem Revier.

Uns blieb an diesem Abend keine Zeit mehr, die Herde an einen anderen Ort umzusetzen. Die Konsequenz zeigte sich letztendlich am Tag darauf tragisch. Als ich am nächsten Morgen zur Koppel kam, waren vier weitere Schafe Opfer von *Friedl* geworden.

Das bewies deutlich, dass Herdenschutz nun auch bei uns zum Thema werden musste. Die Zäune mussten nun so erstellt werden, dass sie nicht nur die Schafe am Ausbrechen hindern, sondern den Luchs davon abhalten, zu den Schafen zu gelangen.

Mehrfachrisse sind bei Luchsen ziemlich selten. Das konnte die Tierhalter jedoch nicht beruhigen. Emotional sind die Tage, in denen es zu Rissen kommt, für sie immer mit großer Anspannung verbunden. Deshalb mussten wir, die mit dem Monitoring beschäftigt waren, so manche Anfeindung durch Betroffene verkraften.

Friedl an seinem ersten Riss ohne Sender

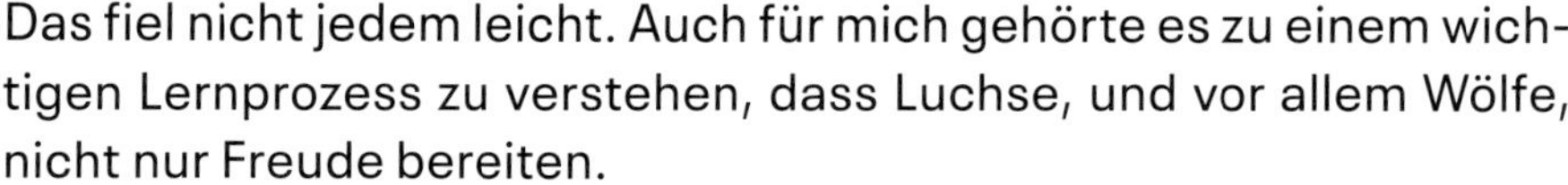

Das fiel nicht jedem leicht. Auch für mich gehörte es zu einem wichtigen Lernprozess zu verstehen, dass Luchse, und vor allem Wölfe, nicht nur Freude bereiten.

Bei einem zweiten Mehrfachriss in einer gemischten Schaf/Ziegen-Herde waren tragischerweise sechs Opfer zu beklagen. Einzelne Nutztierrisse sind für die Besitzer schon ein großer Schaden und machen traurig, aber gleich mehrere Tiere auf einmal zu verlieren, das war für sie nicht tragbar. Das Verständnis für Beutegreifer wie Luchs und Wolf kam in solchen Momenten oft voll und ganz abhanden!

Gerade diese Thematik bildete bei vielen Fachgesprächen einen immer wiederkehrenden Diskussionspunkt. Ich konnte nun selber sehr gut nachvollziehen, welche Ängste Nutztierhalter bei großen Beutegreifern haben. Um die Ängste zu nehmen, galt es, aufzuklären und unterstützende Maßnahmen anzubieten, um Weidetierschutz zu gewährleisten und damit die Akzeptanz in Bezug auf große Beutegreifer erfolgreich zu entwickeln.

Insgesamt kam *Friedl* auf 15 Nutztiere! Ich hoffte damals nur, dass dies nicht zum Dauerzustand werden würde, denn hier zeigte sich schon die Problematik, die bei Luchsen mit Spezialisierung auf Nutztiere entstehen kann.

Auch bei den Jägern zeigte sich meist ein gewisses Unbehagen, wenn sie einen Riss entdeckten. So mancher fand kein gutes Wort für den „neuen Mit-Jäger" im Revier.

Das Mistrauen gegenüber meiner Tätigkeit als Netzwerker zwischen Jägern und dem Luchs lag oft spürbar in der Luft. Sowohl der offene Umgang mit Daten als auch das Verständnis von Ängsten sind und waren entscheidend, um die Kommunikation zwischen den Betroffenen und mir über die Zeit zu ermöglichen.

Nachdem *Friedl* sein Halsband verloren hatte, war klar, dass Rissfunde nur noch sporadisch möglich waren. Einige Tage später wurde jedoch zufällig ein Riss gemeldet, an dem *Friedl* noch einmal mit einer aufgebauten Kamera bestätigt werden konnte.

Die letzte Aufnahme von *Friedl* im April 2017

Nach dem Fangversuch im März 2016 verloren sich die Hinweise auf *Friedl*. Nach letzten Aufnahmen an einem gefundenen Gamsriss im April 2016 konnte er nie wieder bestätigt noch nachgewiesen werden.

Neben Rehwild jagte *Friedl* auch Gämsen. Doch es war die Jägerschaft, die mit der Erlegung von fast 100 Gämsen in den Jagdjahren 2012 bis 2014 im Oberen Donautal den Bestand bereits deutlich reduziert hatte. Die verringerte Population zeigte sich auch in den folgenden Jahren anhand der geringen Abschusszahlen. Bis heute hat dieser jagdliche Eingriff eine deutliche Auswirkung auf den Gämsen-Bestand entlang der Oberen Donau.

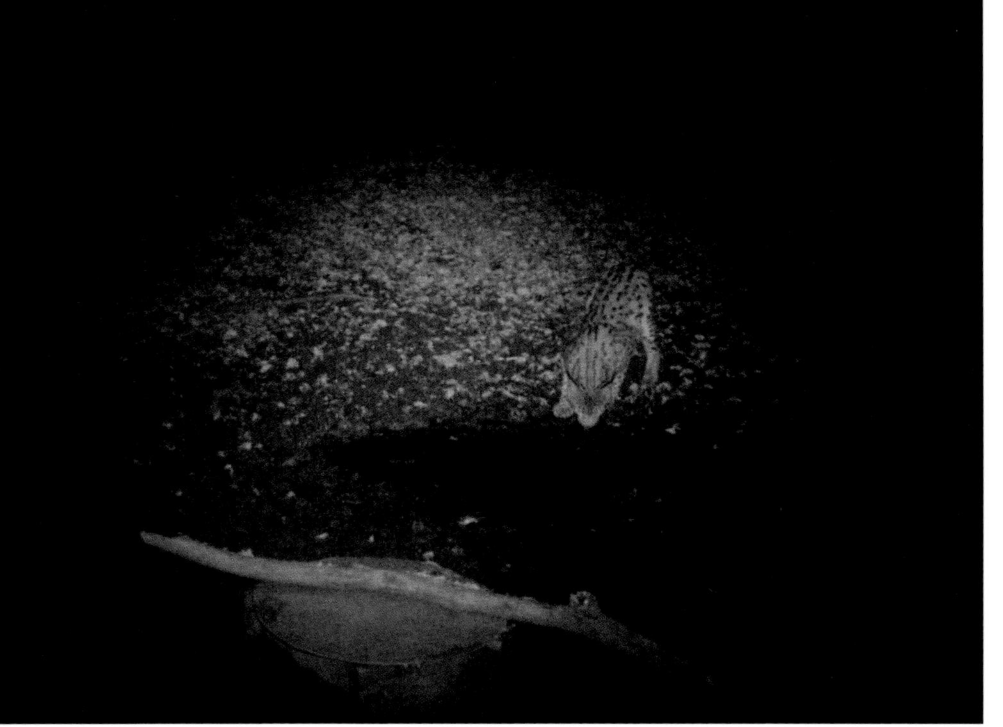

Zwei Luchse im Donautal!

Als wir noch damit beschäftigt waren, Luchs *Friedl* im Frühjahr 2016 zu besendern, und an einem frischen Riss von *Friedl* unsere Falle aufgestellt hatten, tauchte überraschenderweise ein neuer Luchs auf. Ihn fotografierte eine Fotofalle in einem Revier im nördlichen Bereich des Landkreises Sigmaringen.

Aufgrund der Daten von *Friedl* zu dieser Zeit war schnell klar, dass sich ein zweiter Luchs in der Region aufhalten musste. Zwei Luchse im Naturpark! Welcher noch größere Zufall sich daraus ergeben sollte, wusste bis dato noch niemand.

Wir wussten, dass er normalerweise bald nach Einbruch der Dämmerung zurückkommen würde. So begann mit Einbruch der Dunkelheit gespannt das Warten. Doch umsonst - in dieser Nacht tat sich zunächst nichts.

> // Manchmal ist es der Zufall im Leben, der besondere Momente entstehen lässt. //

Gespannte Erwartung

Unser Fangteam am 28.03.2016: Armin, Judith, Theresa, Micha und Felix

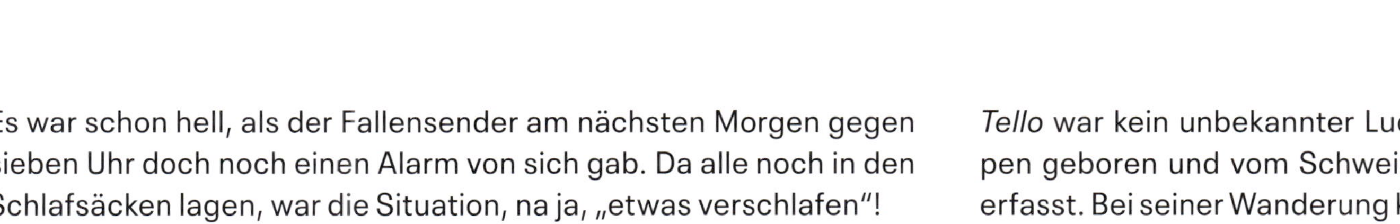

Es war schon hell, als der Fallensender am nächsten Morgen gegen sieben Uhr doch noch einen Alarm von sich gab. Da alle noch in den Schlafsäcken lagen, war die Situation, na ja, „etwas verschlafen"!

Wir liefen zur Falle und entdeckten darin mit großer Überraschung keinen Luchs mit Halsband, sondern einen ohne Sender. Es war ein fremder Luchs, der an *Friedl's* Riss nun gefangen war! Es musste der zweite Luchs sein, der Tage zuvor an zwei Stellen im Landkreis festgestellt wurde.

Wie groß der Zufall bei diesem Fang war, wurde uns allen erst viel später bewusst. Es ist bis heute wohl einer der größten Zufälle, die ich erleben durfte.

Statt *Friedl* hatten wir einen jungen Kuder gefangen, der den Namen *Tello* bekam.

Tello war kein unbekannter Luchs. Er wurde 2015 in den Zentralalpen geboren und vom Schweizer Monitoring (Luchs B433) bereits erfasst. Bei seiner Wanderung konnte er im Grenzbereich am Bodensee nachgewiesen werden.

Da ihn sein Weg ebenfalls ins Donautal führte, hatten wir für wenige Wochen zwei besenderte Luchse gemeinsam auf der Fläche. Dann wanderte *Tello*, vermutlich durch die Präsenz von *Friedl*, weiter in Richtung Norden ab.

Im Gegensatz zu den Rissen von *Friedl*, die nur sporadisch gefunden wurden, entdeckten die Jäger in den Albrevieren mehrere Risse von *Tello*, die offen auf Wiesen lagen. Für die meisten Jäger, die bislang noch nie mit dem Luchs konfrontiert waren, war dies eine abso-

Der Moment, wieder in die Freiheit entlassen zu werden

lut neue Situation, die sehr deutlich zeigte, wie wichtig im Vorfeld die Aufklärung der Jäger ist.

Die Versuche, dort mit Infoveranstaltungen in der Jägerschaft etwas Klarheit in die Diskussionen zu bringen, zogen leider nicht den gewünschten Erfolg nach sich. Sie brachten keinerlei Verständnis für das Lebensrecht des Luchses auf. Der Wind wehte zu diesem Zeitpunkt wahrlich in die falsche Richtung.

Die Spur von *Tello* verlor sich noch im selben Jahr, als nach seiner Kollision mit einem Fahrzeug das Halsband abging. Offensichtlich zog er ohne weitere Blessuren weiter. Danach wurde er nur noch einmal von einer Wildtierkamera im Bereich der Ostalb aufgenommen.

Eine der vielen Fragen betrifft immer den Verbleib bekannter Tiere. Meist bleibt es im Ungewissen, ob Abwanderung, Unfalltod, Krankheit oder eine Kugel das Leben eines Luchses beendete. Nur bei wenigen Tieren kann der Grund ihres Verschwindens oder der Tod mit Sicherheit geklärt werden.

Ein unbekannter Luchs läuft in die Fotofalle

Während wir uns im Donautal mit *Friedl* und *Tello* beschäftigten, wurde im Hegau ein weiterer, unbekannter Luchs immer wieder per Fotofalle bestätigt. Kaum war das Luchsrevier im Donautal verwaist, tauchte im Sommer 2017 gerade dieses Tier auf.

Bis heute wissen wir von diesem Luchs sehr wenig. Bekannt ist lediglich, dass er im Schweizer Jura geboren wurde und von dort aus sein Weg nach Baden-Württemberg führte. Zu Beginn des Jahres 2018 verloren sich jedoch alle Hinweise auf ihn.

Es blieben einige wenige Bilder von Luchs *B618*, der nun schon als vierter Luchs im Donautal nachweisbar war.

Luchs *B618* an einem Wechsel, den bereits der erste Luchs im Jahr 2005 nutzte. Die Spuren damals verrieten seine Pässe, was zehn Jahre danach ein großer Vorteil war, um die geeigneten Kamerastandorte zu finden.

Eine der ersten Aufnahmen von *B600* im Januar 2018

Luchs *Lias* kommt ins Revier

Mit der Aufnahme vom 15. Januar 2018 zeigte sich erneut ein fremder Luchs an einem Wechsel, an dem ich bereits *Friedl*, *Tello* (2015 und 2016) und Luchs *B618* (2017) zuvor nachgewiesen hatte.

Schon nach wenigen Wochen und nach einigen schönen Aufnahmen bekamen wir die Information aus der Schweiz, mit welchem Tier wir es zu tun hatten.

Mit einer Aufnahme im Februar 2018 hatten wir nun den Luchs von beiden Seiten fotografiert. Damit ließ er sich eindeutig identifizieren: Luchs *B600*. Die Bezeichnung bedeutet: Er ist beidseitig fotografiert und nachweisbar (B) und hat die Kennnummer 600.

Dass sich Luchskuder auf der Suche nach neuen Revieren aus dem Schweizer Jura und der Alpenpopulation auch in Richtung Norden begeben, ließ sich anhand von *Friedl*, *Tello* und *B618* bereits nachweisen. Der Luchs mit der Bezeichnung *B600* überraschte jedoch mit seinem Erscheinen alle im Oberen Donautal.

B600 stammte aus dem Französischen Jura und wurde dort im Frühjahr 2016 geboren. Bereits als Jungtier wurde er dort im Dezember 2016 mit seiner Mutter und im Januar 2017 mit seinem Geschwister vom Naturfotografen Gilbert Paquet fotografiert.

Luchs *B600* im ersten Lebensjahr

Bei der Risskontrolle

Bei der Wanderung aus seinem Mutterrevier legte Luchs *B600*, von Menschen völlig unbemerkt, eine Strecke von über 300 Kilometern zurück, ehe er sich im Oberen Donautal niederließ. Eine bis dahin bei Luchsen noch nie nachgewiesene Wanderstrecke in Europa!

Zum Video mit Luchs *Lias*

Schon im ersten Jahr mit *B600 (Lias)* gab es einige ganz besondere Erlebnisse. So kam am 1. April 2018 eine Rissmeldung, die ich aufgrund der Spuren eindeutig als Luchsriss aufnehmen konnte. Am Tag darauf folgte ein zweiter Rissfund, ca. zehn Kilometer entfernt vom ersten Fund, in einem anderen Revier. Ebenfalls ein Luchs! Am 3. April dann der dritte Riss in Folge im nächsten Revier. Ergebnis: drei Rehe in drei Tagen! Ich zweifelte zunächst, ob es sich tatsächlich nur um einen Luchs handelte. Letztendlich gaben aber die Genetik-Proben Gewissheit. Bis heute konnte ich eine solche Rissfolge nie wieder nachweisen.

Tagesaufnahmen wie diese waren eine absolute Ausnahme, zeigten aber, dass Luchse bereits vor der Dämmerung und bis in den Morgen hinein ihr Revier erkunden.

> „Das Glück über solche Aufnahmen war kaum zu beschreiben!"

Im November 2018 wurden im Gehege von Schloss Werenwag mehrere tote Damhirsche entdeckt. Die Frage, wer dafür verantwortlich war, konnte ich schnell klären. *B600* war in derselben Nacht nicht weit vom Gehege entfernt von einer meiner Kameras fotografiert worden.

Alle Stücke hatten einen deutlichen Kehlbiss. Auch die Fraßspuren ließen keine Zweifel zu. Nachdem wir das Gehege an diesem Tag mit Flatterband, Blinklampen und Netzzäunen gesichert hatten, um den Luchs fernzuhalten, wurden wir in Bezug auf Schutzmaßnahmen auf ein Neues belehrt.

Alle Maßnahmen hielten *B600* nicht davon ab, erneut ins Gehege einzudringen, um zwei weitere Tiere zu töten. Selbst der drei Meter hohe Zaun wurde einfach von ihm überklettert.

Erst drei Stromlitzen, die wir so anbrachten, dass ein Überspringen des Zaunes nicht mehr möglich war, konnten die Damhirsche schützen. Danach gab es dort keine weiteren Übergriffe mehr, obwohl ich den Luchs im Außenbereich des Gatters regelmäßig nachweisen konnte. In diesen Tagen fassten wir den Entschluss, Luchs *B600* zu besendern.

Noch vor Weihnachten stellten wir die Kastenfalle in meinem Revier auf. Als Standort wählte ich eine Stelle, an der ich alle Luchse bislang regelmäßig mit der Fotofalle bestätigen konnte.

Es dauerte nur wenige Tage, bis er die Falle inspizierte und regelmäßig an ihr vorbeiging. Nach einigen Wochen Gewöhnung an die Falle entschlossen wir uns, nun einen Fang zu versuchen.

Ein kurzer Blick bei der Fallenkontrolle

Der erste Fang von *Lias*

Am 30. Januar stellte ich die Falle dann scharf. Da der Luchs mittlerweile die Falle gut angenommen hatte, war ich mir sicher, recht zeitnah durch den Fallensender alarmiert zu werden. Als sich bis 23 Uhr nichts regte, machte ich mich auf den Weg, um sie zu kontrollieren. Eventuell funktionierte etwas nicht richtig. Dort angekommen, wusste ich nicht, dass die Falle bereits besucht wurde, wie wir später auf der Überwachungskamera sehen konnten. Um 3.30 Uhr sprang dann endlich der Fallenalarm an!

Bei meiner zweiten Kontrolle in dieser Nacht kam aus der Falle kein Geräusch, doch ein Blick durch die Sichtklappe gab Gewissheit. Erst bei der Auswertung der Kamera sahen wir, dass *B600* tatsächlich bereits um 17.37 Uhr in die Falle gelaufen war, aber wie ein Profi die Fallenschnur einfach überstiegen hatte.

ı den frü ıen Morgenstunden konnten wir dann den Luchs betäuben und •esendern

Beim zweiten Besuch um 3.28 Uhr in dieser Nacht reichte eine kleine Berührung der Auslöseschnur, welche die Falltüren jetzt zufallen ließ

Ein starker Kuder mit 25 Kilogramm Gewicht!

"

Für mich war die Fangaktion an diesem Tag mit der Besonderheit verbunden, ihm als Namenspate einen Namen geben zu dürfen: ***Lias!***

"

Während der Luchs betäubt war, wurde er gewogen, vermessen und fotografiert.

um Abschluss noch schnell ein Bild und danach wieder zurück in die Falle!

ach dem Ende der Narkose lag *Lias* ganz entspannt in der Falle.
ur Minuten später entließen wir ihn wieder in die Freiheit.

Fünf Tage nach dem Fang. Diesmal mit Halsband!

Nach dem Fang zeigte sich *Lias* noch mehrere Wochen an der Falle, was ein gutes Zeichen ist!

Erkundung der Luchswechsel

Während des Monitorings versuchte ich, an den verschiedenen Wechseln den bestmöglichen Kamerastandort zu finden. Doch nicht immer wurde ich gleich mit tollen Bildern belohnt. Aber es war stets die ein oder andere schöne Aufnahme dabei. Einige Monate lang nutzte ich einen Forstweg fürs Monitoring, der, wie sich herausstellte, während dieser Zeit immer wieder von *Lias* begangen wurde.

An verschiedenen Punkten, die mir bereits seit dem ersten Luchs im Jahr 2005 bekannt waren, gelangen regelmäßig Nachweise, wenn sich *Lias* im Revier aufhielt.

Der Urin eines Luchses ist im Winter im Schnee gut zu finden

Ca. 50 Meter neben einem Riss war diese Losungsstelle recht einfach zu finden

Zeichen im Schnee und im Verborgenen

Im Winter bei Schnee fand ich die Markierungsstellen von *Lias*, an denen er mit Urin sein Revier markierte. Immer wieder markierte er die gleichen Stellen, um auf diese Weise sein Revier gegenüber anderen Luchsen klar zu kennzeichnen. Für die Kommunikation innerhalb der Luchs-Population sind solche Punkte gerade in der Paarungszeit ein hilfreiches Mittel, um einen möglichen Partner oder eine mögliche Partnerin zu finden.

Dagegen glich der Fund von Losung eher einem Lotteriespiel. Meist gehörten etwas Glück und ein gutes Auge dazu, um seine Hinterlassenschaften, die er auf Katzenart sauber abdeckt, ans Tageslicht zu fördern.

Luchslosung

Wie bei diesem Hasen zu sehen ist, gestaltet sich die Risssuche manchmal wie die Suche nach der Stecknadel im Heuhaufen

Die Beute von *Lias*

Die Laufzeit des GPS-Senders, den wir bei *Lias* angebracht hatten, reichte fast zwei Jahre. Damit bekamen wir die Möglichkeit, nicht nur seine Wege zu verfolgen, sondern auch seine Aktivitäten. In Zusammenarbeit mit der FVA und dem Landesjagdverband begann ich im Februar 2019 mit den Kontrollen möglicher Rissstellen. Schwerpunkt war die Rissaufnahme sowie die Analyse, welche Wildarten von *Lias* erbeutet wurden.

Mithilfe der Peilpunkte konnte ich in den folgenden Jahren fast alle Risse von *Lias* finden. Nur bei wenigen Kontrollen ließ sich kein Nachweis erbringen. Gerade bei kleineren Beutetieren wie Hasen und kleinen Kitzen ist bereits nach dem zweiten Tag eigentlich nichts mehr vorhanden.

Dass Luchse Rehe als Hauptbeutetiere jagen, war bekannt. In welchem Ausmaß er aber auf das kleine Gamswildvorkommen im Donautal Einfluss nehmen würde, war für mich eine der zentralen Fragen meiner Untersuchungen.

Schon das erste Jahr mit Sender zeigte, dass *Lias* zwar immer wieder Gamswild erbeutete, aber dadurch keinen Einfluss auf die Population, höchstens auf die Jagdstrecke der Gämsen im Oberen Donautal ausübte.

Vielmehr sorgte die jagdliche Entnahme von 98 Gämsen in den beiden Jagdjahren zwischen 2012 und 2014 meiner Meinung nach entscheidend für den deutlichen Rückgang der Bestände. Die einzelnen Luchse erbeuteten seit 2015 nachweislich zwar Gämsen,

Lias an seinem ersten Gamsriss

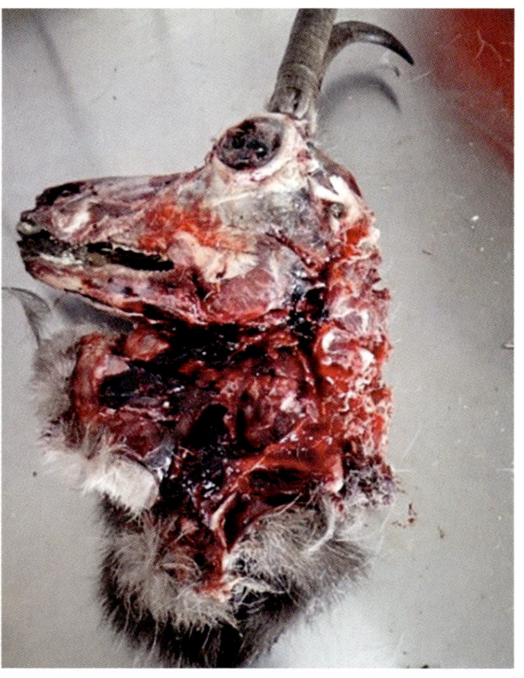

waren aber nicht der Grund der Populationssenkung. Dieser fand durch die Abschusserfüllung zuvor statt.

Leider wird bis heute der Einbruch und Rückgang der Gamswildbestände seit 2015 immer wieder dem Luchs zugeschrieben. Letztendlich war es aber die überhöhte Abschussvorgabe, die umgesetzt wurde.

Der Kehlbiss ist bei diesem Stück sehr deutlich sichtbar. Die Hämatome, die beim Abschärfen der Decke sichtbar wurden, zeigten den kräftigen Druck im Bereich den Drosselkopfes.

Der erste Gamsriss von *Lias* bleibt mir noch gut in Erinnerung. Ich vermutete aufgrund der Daten den Riss in einem Steilhang, in dem ich aber nach fast zweistündiger Suche aufgab. Dann endlich fand ich oberhalb der abgesuchten Fläche auf einem kleinen Felsen eine alte Gamsgeis.

Nachdem die Decke abgezogen ist, zeigt sich bei so manchem Riss, was von außen nicht zu sehen ist. Bei diesem Reh sind deutlich die Bildung der Hämatome durch den Kehlbiss sowie die Einwirkung der Krallen durch das Halten des Luchses beim Fang erkennbar. Unter den Rissen gab es viele Klassiker, wenn man den typischen Luchsriss mit angeschnittenen Keulen und Kehlbiss so bezeichnen mag.

Dieser Rissfund verwunderte mich zunächst, denn es gab keine Anzeichen, die auf einen Luchs hingedeutet hätten. Der Rehbock lag unmittelbar an einer Schwarzwildkirrung und hatte, nachdem die Decke abgeschärft war, einen sauberen Kehlbiss. Vermutlich wurde *Lias* bei diesem Riss durch Wildschweine gestört und gab ihn dann auf. Warum die Wildschweine ihn nicht gleich gefressen haben, ist mir bis heute schleierhaft. Mehrmals waren Wildschweine an anderen Rissen und fraßen auch daran. In der Regel blieben dann meist nur noch wenige Haare übrig.

Dieses Schmalreh wurde von *Lias* gerissen, aber nicht gefressen! Nicht genutzte Risse waren eine absolute Ausnahme und ergaben sich meist dann, wenn bereits ein weiterer Riss zeitgleich vorhanden war. Der Kehlbiss ist deutlich zu erkennen.

Zu den Besonderheiten bei den Risskontrollen gehörte auch dieser Jungdachs, der in unmittelbarer Nähe eines Rehrisses lag. Auch er hatte einen Kehlbiss und wurde nicht weiter genutzt. Vermutlich wurde er als Nahrungskonkurrent getötet. Wahrscheinlich ist er zum falschen Zeitpunkt wohl am falschen Platz vorbeigetrollt!

Ein Schmalreh, das *Lias* zum Opfer fiel, hatte eine Ohrmarke. Es wurde im Nachbarrevier, ca. einen Kilometer entfernt vom Rissort, im Sommer zuvor markiert.

Zusätzlich zu den Wechseln, die mit Kameras überwacht wurden, stellte ich auch an den Rissen Kameras auf. Diese montierte ich im Abstand von zwei bis vier Metern in einer Höhe von etwa einem Meter.

Lias ließ sich von den Kameras nicht stören und fraß in aller Ruhe oft mehrere Tage an seiner Beute. Sie wurden von ihm nie als Fremdkörper wahrgenommen.

Füchse und Wildschweine sind deutlich vorsichtiger, wenn sie Kameras wahrnehmen, vor allem wenn sich die Kamera in unmittelbarer Nähe des Risses befindet.

Nicht alle Risse waren immer einfach zu finden

Je nach Möglichkeit verblendete *Lias* mit Gras, Moos oder Laub seine Beutetiere

Auch an dieser Stelle gab erst ein zweiter Blick Gewissheit über den Riss!

Aufgedeckt!

Manchmal war seine Beute so gut verdeckt, dass man sie nicht sehen konnte, obwohl man direkt davor stand

Erst als das Laub beiseite geschafft war, erschien dieses gerissene Gamskitz das bereits voll genutzt war

Perfekt verblendet!

Diesen Riss eines Rehbocks am ersten Wochenende im Mai 2020 besuchte *Lias* mehrmals, sogar während des Tages. Nach fünf Tagen hatte er ihn buchstäblich „aufgefressen".

Obwohl zahlreiche Wanderer an diesem ersten Mai-Wochenende das Obere Donautal besuchten, kam *Lias* bereits gegen 17 Uhr an den Riss zurück.

Bei Schnee gestaltete sich die Suche wesentlich einfacher.
Meist konnte ich den Spuren bis zur Rissstelle folgen.

„Knickohr“, eine alte Rehgeiß, die fast zehn Jahre in unserem Revier beobachtet werden konnte, wurde von *Lias* im Winter 2020 gerissen. Sicherlich hatte sie zuvor schon viele Begegnungen mit Luchsen.

An diesen Riss kam *Lias* bereits am Nachmittag zurück.

Bei der Kontrolle eines Risses stand eine Gamsgeiß noch unmittelbar im Bereich des gefressenen Kitzes und sprang erst ab, als ich mich ihr auf 30 Meter näherte.

Diesen Riss fand ich während des Sommers 2020 direkt im Flussbett der Donau bei Niedrigwasser. Wir ließen uns die Gelegenheit nicht nehmen, *Lias* am selben Abend von der anderen Flussseite aus mit der Wärmebildkamera zu beobachten.

Lias, mit unserer Wärmebildkamera (Entfernung: 80 m) betrachtet und aus der Perspektive der Kamera am Riss

Bei dieser Rehgeiß mit ihrem Kitz war es nicht genau rekonstruierbar, welches Stück zuerst gerissen wurde. Beide lagen direkt nebeneinander.

Einige Monate zuvor hatte *Lias* bereits ein Schmalreh und einen Jährling, die sich im Abstand von 100 Metern voneinander befanden, gerissen. Ich vermute, dass es sich um Geschwister handelte. Diese verbringen häufig ihr erstes Jahr, oft bis in den Sommer hinein, gemeinsam. Doppelrisse sind jedoch ein reiner Zufall, da sie sich sehr selten ergeben.

Gerade in den Hochsommermonaten waren die Risse meist schon nach zwei Tagen aufgrund der Fliegenmaden nicht mehr verwertbar für *Lias*. Dieses Rehkitz zu finden, war nicht schwer, man konnte es aus 100 Meter Entfernung riechen! Da in diesen Monaten vor allem Kitze dem Luchs zum Opfer fielen, war die Häufigkeit der Risse pro Monat etwas höher. Hier spielt vor allem die geringere Nahrungsmenge und die Zeit der möglichen Nutzung eine entscheidende Rolle.

en ersten Biberriss, einen Jungbiber, fand ich inmitten der Felsen

Bis dahin wurde meines Wissens noch nie ein Biber als Riss von einem Luchs dokumentiert

Ich hatte an diesem Tag aufgrund der örtlichen Gegebenheiten eher mit einer Gams als Beute gerechnet, da ich mitten in einem Steilhang stand und meine Kletterkünste an diesem Tag unter Beweis stellen musste.

Bis auf die Kelle und etwas Wolle war von diesem Jungbiber nichts mehr zu finden.

Der zweite, adulte Biber war komplett verblendet und mit Laub und Moos zugedeckt, um ihn vor anderen Beutenutzern zu verstecken. *Lias* nutzte ihn über fast eine Woche hinweg als Fraß.

In den meisten Fällen nutzte *Lias* seine Risse mehrere Tage, im Schnitt drei bis vier Nächte. Warum der Luchs manche Risse nach einmaligem Fraß aufgab, war meist nicht zu klären. Manchmal störte ihn wahrscheinlich die Präsenz von Wildschweinen, weshalb er den Fang aufgab. Alle anderen Nutzer oder Besucher eines Risses hielten zumindest *Lias* nicht davon ab, die Beute weiterhin zu nutzen. Auch meine Witterung, die *Lias* sicherlich mit der Zeit kannte, war nie ein Problem.

Im Sommer 2021, bei einem mehrwöchigen Aufenthalt am Albtrauf im nördlichen Teil des Naturparks, erbeutete *Lias* innerhalb kurzer Zeit vier Muffel. Das erste Stück war ein uraltes Schaf.

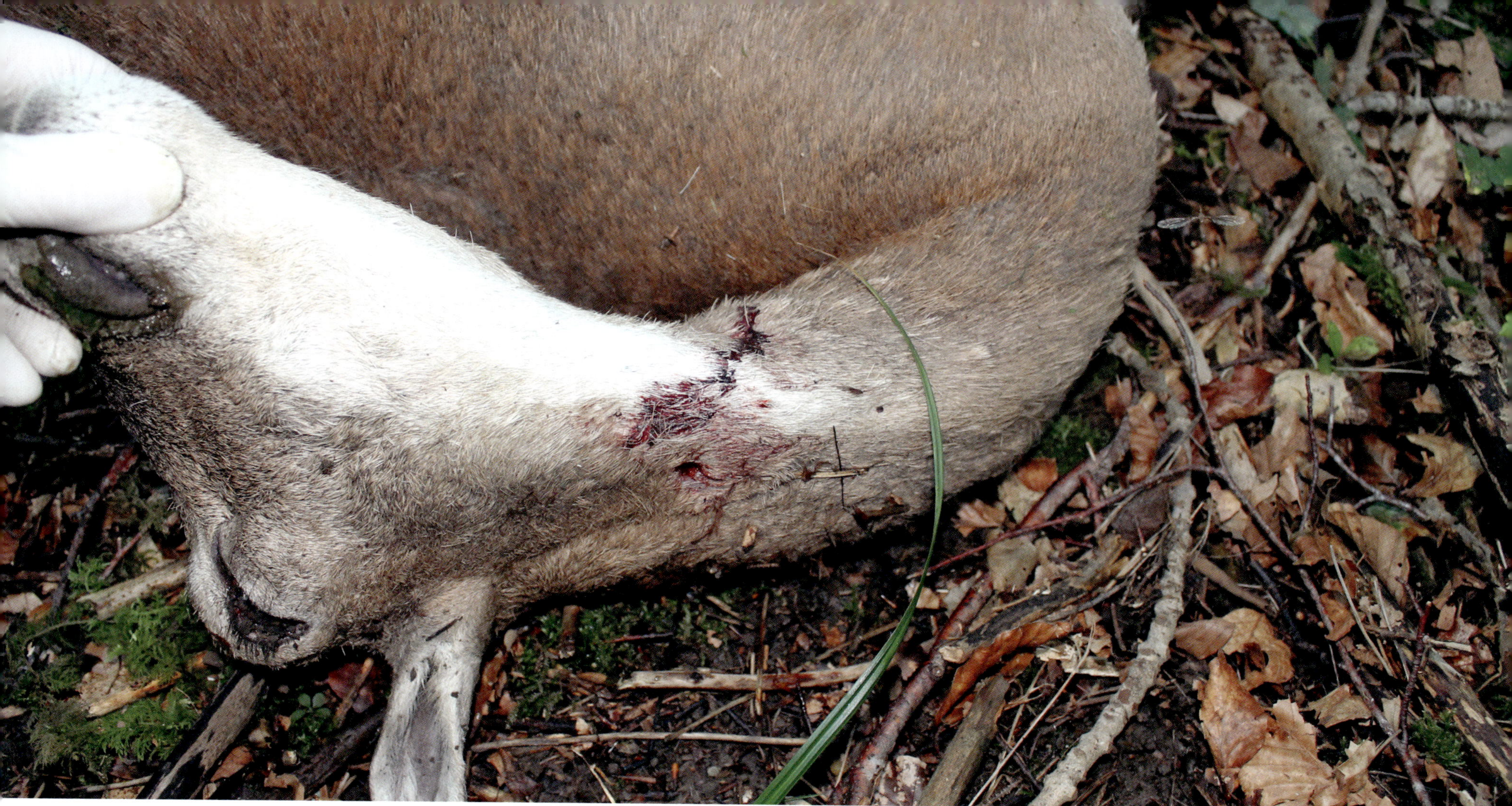

Kurze Zeit später fielen ihm in einer Nacht ein junger Muffelwidder und ein Schaf im Abstand von 200 Metern zum Opfer. Ob dabei das fehlende Fluchtverhalten des Muffelwildes verantwortlich ist, das es auch bei Angriffen von Wölfen zeigt, kann ich nicht sagen. Die Wahrscheinlichkeit ist sehr hoch, dass dem Muffel auch gegenüber dem Luchs aus genetischen Gründen ein Fluchtverhalten fehlt und sie diese Gefahr nicht einschätzen können.

Im Mai 2022 kam *Lias* am frühen Abend an einen Riss zurück und ließ sich auch hier nicht durch die Kamera stören.

Die Dokumentation der Risse in Bildern

Für die Dokumentation der Risse fotografierten wir die erbeuteten Stücke von allen Seiten und nach Möglichkeit von oben. Details wie Kehlbiss und Fraßstellen nahmen wir ebenfalls auf.

Gerade bei Schnee war es vereinzelt möglich, den Hergang, wie die Beutestücke gerissen wurden, anhand der Spuren zu rekonstruieren.

Teilweise lagen die Beutestücke in ihrem Lager und bemerkten den Luchs überhaupt nicht.

Zum Video mit Luchs *Lias*

An manche Stücke schlich er sich bis auf wenige Meter heran, um dann mit ein bis zwei Sprüngen das Stück zu fangen. Vor allem wenn die Vegetation sehr dicht war, musste er sich auf zwei bis drei Meter unbemerkt herangeschlichen haben, um zum Erfolg zu kommen. Die folgenden Bilder zeigen die Fotodokumentation eines gerissenen Gamsbockes im Winter 2021.

Nach genau drei Jahren, in denen *Lias* einen Sender trug, wurden insgesamt 201 Risse von *Lias* protokolliert und aufgenommen. Es handelte sich um 163 Rehe, 20 Gämsen, 15 Hasen, zwei Biber und einen Mäusebussard. Der Schwerpunkt beim Rehwild lag mit 60 Prozent in der Jugendklasse mit 41 Kitzen, 25 Schmalrehen und zwölf Jährlingen. 36 Rehe waren nicht bestimmbar, da sich an der Rissstelle nur noch Haare fanden. Hier waren meist die Wildschweine schneller als ich und hatten bereits alles gefressen. Bei den älteren Stücken war der Anteil sehr alter, weiblicher Rehe am höchsten. Insgesamt wurden 30 Rehgeißen und 19 Rehböcke dokumentiert.

Bei den 20 Gämsen lag der prozentuale Anteil der Jungtiere mit 14 Kitzen/Jährlingen deutlich höher als beim Rehwild. Da die Jäger in dieser Zeit Gamswild im Oberen Donautal nur noch sporadisch erlegten, war der Anteil der von *Lias* erbeuteten Gämsen verglichen mit der Jagdstrecke prozentual deutlich höher. Er nutzte jedoch nicht annähernd den jährlichen Zuwachs im Streifgebiet.

Da ich bei einigen Risskontrollen nicht fündig wurde (ca. 3%), wurden während dieser drei Jahre sicherlich nicht alle Beutetiere festgestellt. Starke Trophäenträger waren eine Ausnahme. Eine Auswirkung auf die Jagdstrecke hatte *Lias* während dieser Zeit nicht, was teilweise der hohen Rehwilddichte in den Revieren geschuldet war. Die Nutzungsdauer lag im Schnitt bei drei Nächten, in denen *Lias* an den Stücken fraß. Er riss in dieser Zeit nur ein einziges Reh, ohne daran zu fressen.

Meist kam er bereits mit Einbruch der Dämmerung aus dem Tageslager zum Riss, an dem er im Schnitt zwei- bis dreimal pro Nacht fraß. Die Verweildauer lag meist bei ca. 20–30 Minuten.

Die Nutzbarkeit der Beutetiere erstreckte sich im Winter über einen

deutlich längeren Zeitraum, da durch die niedrigen Temperaturen die Stücke oft nach Tagen noch „frisch" waren. Deshalb fraß *Lias* auch einen größeren Anteil davon.

Dagegen waren Risse bei hochsommerlichen Temperaturen nach ein bis zwei Tagen mit Fliegenmaden besetzt, weshalb der Luchs sie schon am dritten Tag nicht mehr annahm.

Neben Greifvögeln und Rabenvögeln stellten wir über die Kameras immer wieder Stein- und Baummarder als Nutzer fest. Füchse verhielten sich dagegen äußerst vorsichtig und tasteten sich nur langsam an die mögliche Futterquelle heran. In die Kastenfalle hätte sich ein Fuchs nie getraut, auch wenn der Köder noch so verlockend gewesen wäre!

Wildschweine, die einen Riss finden, nutzen diesen als Nahrungsquelle vollständig. Binnen Minuten können ganze Rehe in ihren Mägen verschwinden oder werden verschleppt. Das führte letztendlich dazu, dass *Lias* in diesem Fall erneut sein Jagdglück versuchen musste.

Die Jäger fanden und entdeckten nur einen geringen Anteil der Risse selbst (ca. 2%). Die meisten Revierinhaber hätten die oft tagelange Anwesenheit von *Lias* selbst oft gar nicht bemerkt – auch wenn im Winter die Spuren im Schnee meist einfach zu finden waren. Sichtungen gab es in dieser Zeit in den Revieren nur sehr wenige. Sie erfolgten meist nur dann, wenn ich die Jäger auf die Möglichkeit zur Beobachtung hingewiesen hatte.

Es ist und bleibt ein Zufall, einem Luchs zu begegnen. Nur die Ansitze am Riss erbrachten mittels der Wärmebildkamera so manche Beobachtung. Wer das Glück hatte, *Lias* zu sehen, wird diese Begegnung sicherlich als ein Höhepunkt in seinem Leben betrachten, denn in unserem Alltag sind solche Begegnungen nur sehr, sehr selten.

Die aufgestellte Kamera fotografierte *Lias* noch am gleichen Abend

Typische Spuren der Luchse

Gerade bei Neuschnee zog es mich hinaus, um nach Spuren Ausschau zu halten. Als Vertreter der Katzen „nagelt" der Luchs nicht, das heißt, dass man keine Krallen in seiner Fährte sieht. Diese werden nur zur Jagd und zum Klettern verwendet. In den kommenden Wintern konnte ich von allen Luchsen Spuren finden. In der Regel war es nicht schwer, sie zu entdecken. Dennoch kam vonseiten der Jäger nur sehr selten die Meldung einer Spur.

Abdruck einer Luchspfote

Luchsfährte am Bischofsfelsen

Ein schöner Wintermorgen am Bandfelsen

Trockenen Fußes gelangte der Luchs über die Donau, wie auf dieser Brücke am Morgen sehr schön zu sehen war

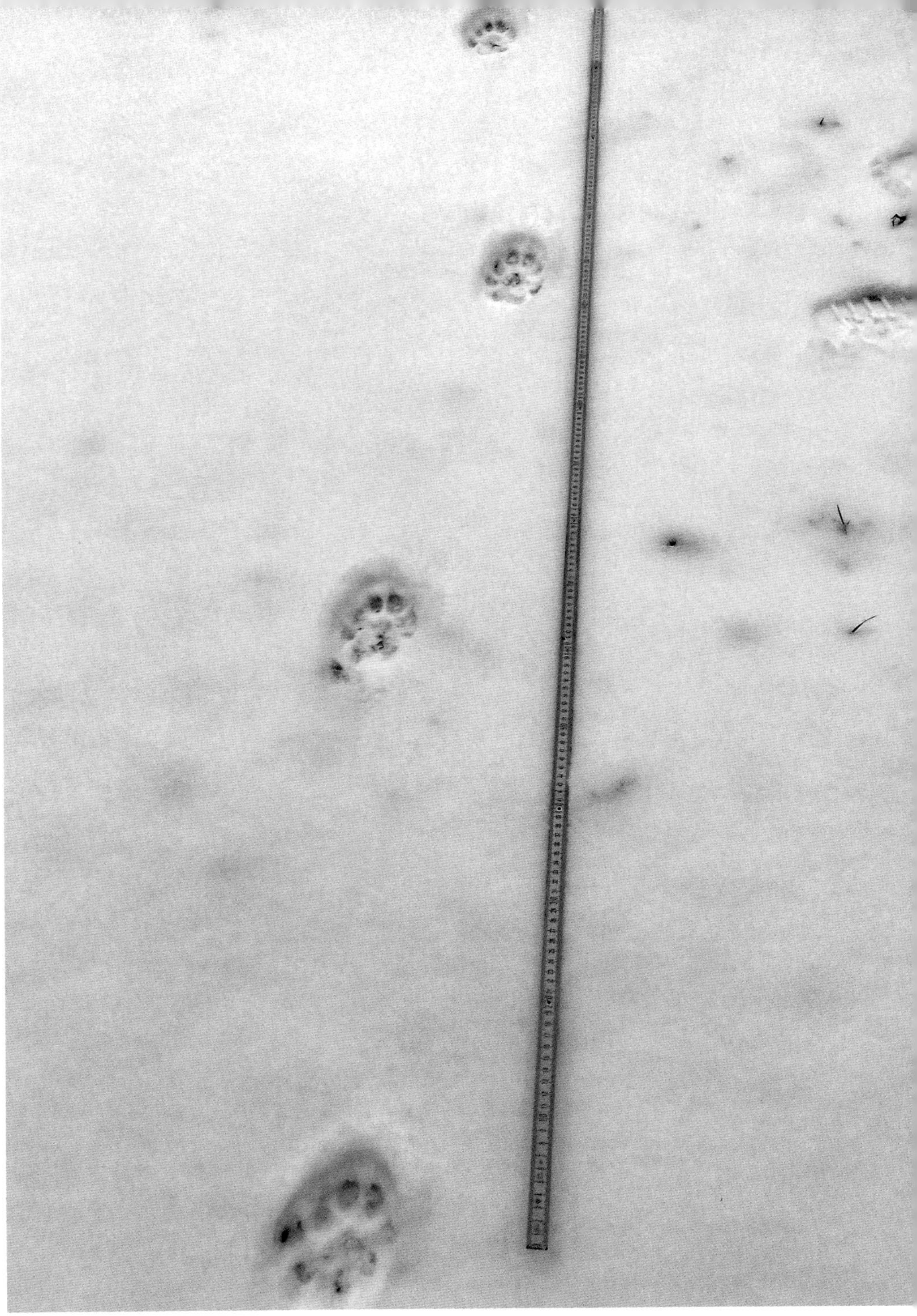

Die Dokumentation einer Spur

Ein besonderer Gast auf dem Weg zur Jugendherberge.
Luchsspuren vor Burg Wildenstein.

An einer Felswand

Entdeckung der Tageslager

Mittels der GPS-Daten fand ich einige Tageslager von *Lias*, an denen er sich die meiste Zeit des Tages aufhielt und auf Katzenart die Zeit verschlief. Bei genauer Kontrolle ließen sich immer einige Luchshaare finden.

Unter einem Wurzelteller

Über die Monate hinweg erfuhren wir mittels der GPS-Daten, wo sich *Lias* tagsüber aufhielt. Bei schlechtem Wetter suchte er sich Stellen, an denen er vor Regen und Wind gut geschützt war. An schönen Tagen ruhte er oft an übersichtlichen Stellen oder legte sich einfach mitten in den Wald.

Zwei seiner Tageslager stattete ich mit Kameras aus, um ihn dort aufzunehmen. Zu meinem großen Glück nutzte er dieselbe Stelle mehrfach, was mich mit den schönsten Aufnahmen von *Lias* belohnte.

Zum Video mit Luchs *Lias*

rüher als gedacht kam *Lias* an diesem Abend zur Falle

Lias liegt entspannt in der Falle

Lias bekommt ein neues Sendehalsband

Nachdem *Lias* nun fast 18 Monate am Sender war, beschlossen wir, das Sendehalsband zu wechseln. Aus diesem Grund stellten wir im November die Kastenfalle an eine Stelle, die mir äußerst vielversprechend erschien. Leider war *Lias* in dieser Zeit aber in einer ganz anderen Ecke des Naturparks unterwegs. Deshalb dauerte es etwa drei Wochen, bis ich seine Fährte in unmittelbarer Nähe der Falle fand. Bereits am folgenden Tag verriet die Kamera, dass *Lias* die Falle inspiziert und bereits auch den ausgelegten Köder angenommen hatte.

Der Entschluss war schnell gefasst: Wir wollten am nächsten Morgen die Falle scharfstellen. Das bedeutete für unser Fangteam, wieder gespannt auf den folgenden Abend zu sein. Überraschenderweise alarmierte uns bereits um 17 Uhr der Fallensender. Bei meiner Kontrolle 30 Minuten später saß unser gefleckter Jäger tatsächlich in der Falle. Wie schon beim ersten Fang verhielt er sich absolut ruhig. Er ließ zwar ein leichtes Grollen von sich hören, aber ansonsten war er wohl wesentlich entspannter als ich.

Der erste Wintereinbruch Anfang Dezember 2020 am Tag der Besenderung

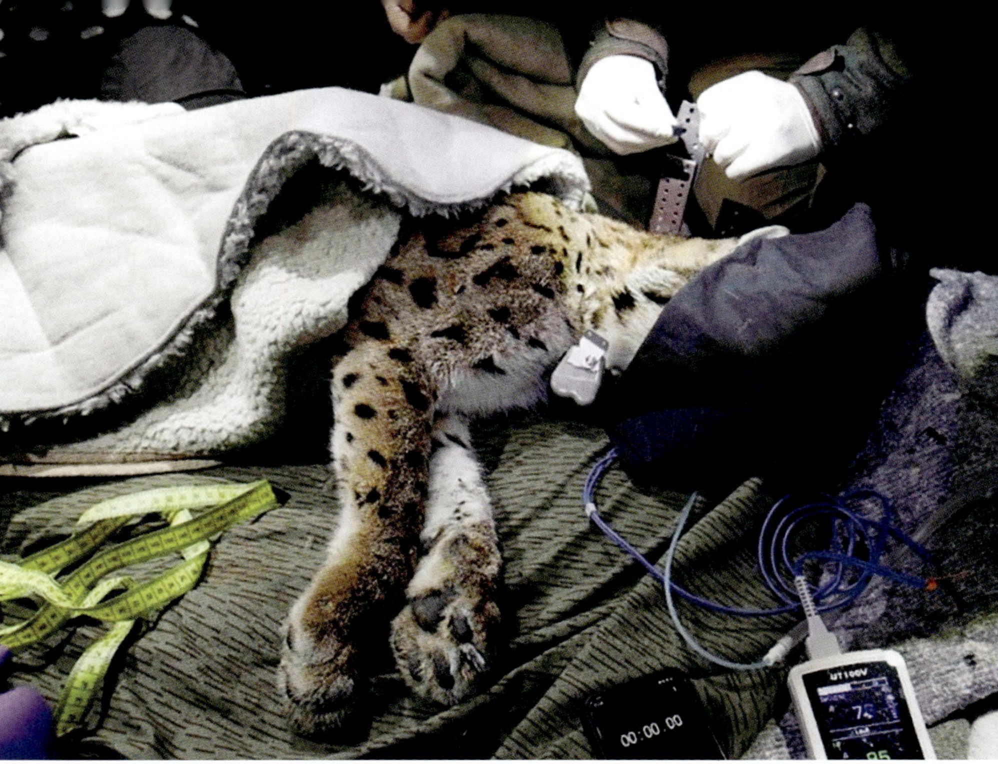

Das Anbringen des neuen Senderhalsbandes

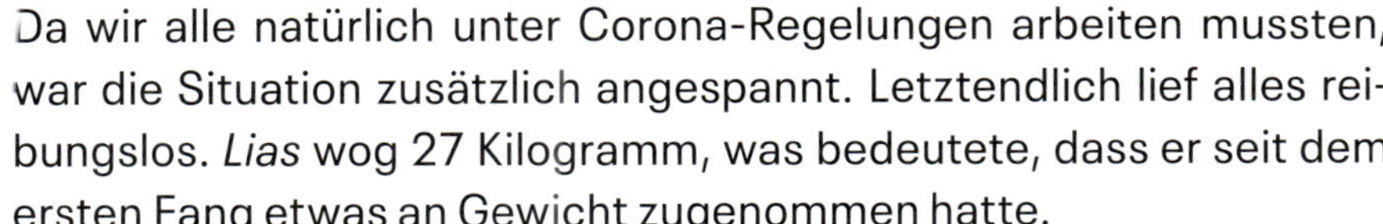

Da wir alle natürlich unter Corona-Regelungen arbeiten mussten, war die Situation zusätzlich angespannt. Letztendlich lief alles reibungslos. *Lias* wog 27 Kilogramm, was bedeutete, dass er seit dem ersten Fang etwas an Gewicht zugenommen hatte.

Es ist für alle, die einen solchen Fang miterleben dürfen, ein außergewöhnliches Erlebnis. Auch für mich ist es immer ein einzigartiger Moment, einem Luchs so nahe zu sein. Solange das Tier schläft, liegt eine ganz eigentümliche Ruhe in der Luft.

Es ist der Moment der Freilassung, in dem nach Wochen der Vorbereitung die gesamte Anspannung von einem abfällt. Wir freuten uns, dass der neue Sender ohne Probleme funktionierte. Er lieferte uns bereits am Tag darauf die ersten Peilpunkte des GPS-Halsbandes.

Touristischer Blick auf die Kalkfelsen des Donautals

Zoom!

Wildbeobachtungen mit Fernglas und Wärmebildkamera

Oft werde ich gefragt, ob es möglich sei, den Luchs zu beobachten. Doch leider ist die Wahrscheinlichkeit, ihn in freier Natur zu erleben, so groß wie sechs Richtige im Lotto zu haben, also pures Glück und Zufall. Die Möglichkeit, Wildtiere zu beobachten, hängt von vielen Faktoren ab.

Die richtige Jahreszeit und günstiges Wetter sind zwei der wichtigsten Voraussetzungen, die man braucht, um Erfolg zu haben. Ein Fernglas ist ein absolutes „must have", und wer eine Wärmebildkamera besitzt, wird auch tagsüber die eine oder andere Sichtung machen, mit der er wahrscheinlich nicht gerechnet hätte.

Mein Tipp: Die Monate nutzen, in denen unsere Wälder nicht belaubt sind. Von Frühjahr bis in den Herbst bietet der Wald eine ideale Deckung, bei der es kaum möglich ist, etwas zu sehen. Wer sich die Zeit nehmen kann, sich in den ersten Monaten des Jahres in unserer Natur zu bewegen, wird deutlich mehr Beobachtungen haben als in den stark frequentierten Sommermonaten. Im Sommer verbleibt den Wildtieren durch jegliche Art von Tourismus kaum eine Ecke, die ihnen als wirklicher Ruheraum dienen könnte.

Ein gutes Fernglas bei Tag und eine Wärmebildkamera für die dunkle Tageshälfte sind die Ausrüstungsgegenstände, ohne die

meine Beobachtungen nie Realität geworden wären. Aber vor allem die zahlreichen Nächte im Revier und der richtige Riecher für den richtigen Ort trugen zu den spannenden Augenblicken bei. Dabei muss man nicht ins Gelände. Oft bieten öffentliche Aussichtspunkte bereits einen idealen Ausgangspunkt.

Dennoch bleibt die Sichtung eines Luchses fast immer dem Zufall überlassen.

Selbst wenn ich ungefähr wusste, in welchem Bereich *Lias* sein Tageslager hatte, war eine Beobachtung kaum möglich. Man konnte einfach nie genau wissen, wo er zu finden war.

Die folgenden Beispiele verdeutlichen sehr schön, dass man mit bloßem Auge kaum jemals erkannt hätte, was sich tatsächlich auf der Fläche vor einem aufhält.

Auch an diesem Nachmittag wurde ich mit dem Fernglas nach einiger Zeit fündig! Ein Fuchs schlief an sicherer Stelle.

Zoom! Fast hätte ich *Lias* übersehen!

Die Kamera gehört auf Augenhöhe!

Überwachung mit Wildtierkameras

Wildtierkameras sind heute in vielen Bereichen, in allen Revieren und vor allem zum Nachweis von Wildtieren ein Medium, auf das beim Wildtiermonitoring nicht mehr verzichtet werden kann. Die Kamera allein reicht jedoch nicht, auch der Standort muss gut gewählt sein.

Wer sein Revier kennt, sollte auch wissen, wo das Wild seine Wechsel hat. Manchmal gehört natürlich etwas Glück dazu, eine Stelle zu finden, von wo aus die Kamera im idealen Abstand zum Objekt steht. Mit der Zeit bekommt man etwas Instinkt dafür, wo und an welcher Stelle genau die Kamera zu postieren ist.

Fast täglich wechselte *Lias* die Talseite. Damit es keine nassen Pfoten gab, nutzte er die Brücken und Stege, wie auf dem Bild zu sehen ist. Gerade im Winter konnte man ihn an seiner Fährte beim Queren von Brücken nachweisen.

Ein bestimmter Kamerastandort war für mich ein absoluter Glückstreffer: Die Kamera befand sich dort nicht nur an der Stelle, an der *Lias* seinen Weg nimmt, sondern schoss im Laufe der Jahre einige der schönsten Aufnahmen. Hier die Bilderserie einer Woche.

Mit dieser Kamera konnte ich sowohl die Luchse immer wieder nachweisen als auch eine besondere Bilderserie verschiedener Wildarten aufnehmen.

Die Aufnahme dieses Wolfes war der erste Nachweis im Naturpark Obere Donau und sollte nicht der letzte bleiben. Mit ihm begann auch bei uns die Diskussion über die Zuwanderung von Wölfen in der Region.

Seit 2018 gibt es jährlich mindestens einen Hinweis auf einen Wolf, dessen Wanderung durchs Obere Donautal führt. Inwieweit wir vielleicht einmal Wolfsgebiet werden, wird sicherlich die Entwicklung der nächsten Jahre zeigen.

Die Zuwanderung weiblicher Tiere wird dabei der ausschlaggebende Faktor sein. Anders als beim Luchs wird eine Besiedlung durch Wölfe in Baden-Württemberg absehbar sein.

Der Luchs dagegen wird dies durch das eher konservative Wanderverhalten der weiblichen Tiere nicht schaffen. Selbst ein eingewandertes Luchs-Weibchen würde noch lange nicht ausreichen, um eine Population zu begründen.

Der zweite Wolfsnachweis im Donautal am 11. Mai 2019

An diesem Standort fotografierte ich auch *Lias* mehrmals, wie hier innerhalb von 24 Stunden gleich zweimal.

Ein weiterer Kamerastandort an einem Wechsel.

Diese uralte Gamsgeiß konnte ich in wenigen Wochen vor Beginn der Jagdzeit beobachten und mit dieser Kamera festhalten.

Sie wurde nie erlegt. Ob sie dem Luchs zum Opfer fiel, bleibt für immer ein Rätsel.

Eine Kamera an einem Wildwechsel erzeugte eine besondere Aufnahme: Anstatt eines Luchses zeigte sich eine Wildkatze.

Auch er blieb heimlich: ein Sikahirsch! Er wurde nie bestätigt, gesehen oder erlegt. Nur die Kamera sah ihn.

Wie viele Jahre dieser Keiler unbemerkt durch die Reviere zog, lässt sich nur erahnen! Im Herbst 2021 erlegte ich ihn in der Nähe der Donau. Gewicht 100 kg! Gewehrlänge 23 cm! Ein Urian!

Lias auf dem Forstweg unterhalb meines Jagdsitzes

Außergewöhnliche Erlebnisse mit der Wärmebildkamera

Zur Beobachtung bei Nacht konnte ich vor einigen Jahren eine Wärmebildkamera anschaffen. Sie ermöglichte mir auch bei Dunkelheit die Bewegungen und Vielzahl der Wildtiere zu sehen und mit zu verfolgen.

Nachdem ich *Lias* bereits einige Nächte beobachtet hatte, folgte mit dem Ansitz am 1. April 2020 sicherlich einer der spannendsten Momente. Ich saß an einer Kirrung für Wildschweine an. Der Hochsitz am Weg versprach an diesem Abend bei gutem Wind vielversprechend zu sein. Es war gegen 21.30 Uhr, als ich plötzlich neben mir in etwa zehn Meter Entfernung die Silhouette des Luchses sah. Mittels Wärmebildkamera entdeckte ich, dass auch ich bereits beobachtet wurde. Nach ein, zwei Minuten zog *Lias* direkt vor meinen Drückjagdsitz und saß ca. zehn Minuten nur sechs Meter von mir entfernt. Irgendwann verlor er dann doch das Interesse an mir und schlich von dannen. Inwieweit Luchse Menschen unterscheiden oder sogar kennen, ist bislang nicht erwiesen. Man mag jedoch den Eindruck bekommen, dass er wusste, mit wem er es zu tun hatte.

Der Eimer markiert die Stelle, an der *Lias* vor meinem Sitz saß

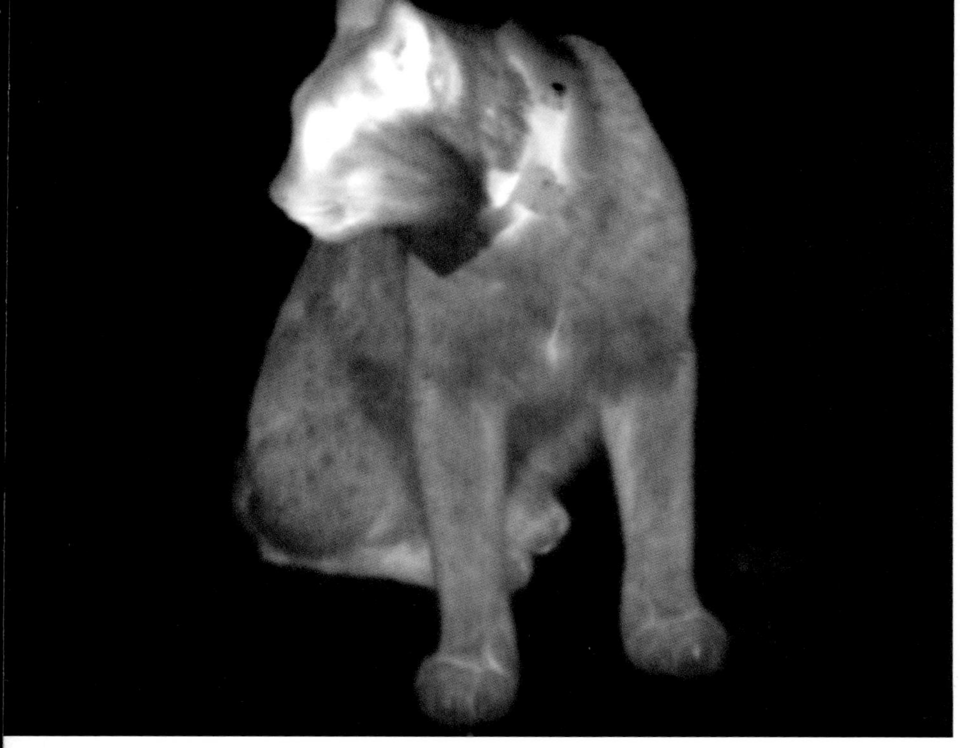

An einem anderen Abend sah ich *Lias* ca. 400 Meter von mir entfernt am Waldrand in meinem Revier sitzen. Ich lief vorsichtig auf ihn zu, bis sich zwischen uns nur noch etwa 80 Meter Distanz befanden. Als er mich bemerkte, zog er langsam bis auf 25 Meter auf mich zu. 15 Minuten lang standen wir uns so gegenüber. Ich glaube, es war beiden nicht so ganz wohl in ihrer Haut. Deshalb zog es *Lias* dann vor, doch die Sicherheit des Waldes zu suchen.

Bei einer Kontrollfahrt wechselte *Lias* überraschend vor mir die Straßenseite und verharrte neben meinem Auto

Zufall! Der Ansitz an diesem Abend galt eigentlich den Wildschweinen im Revier.

Kontrolle der Falle

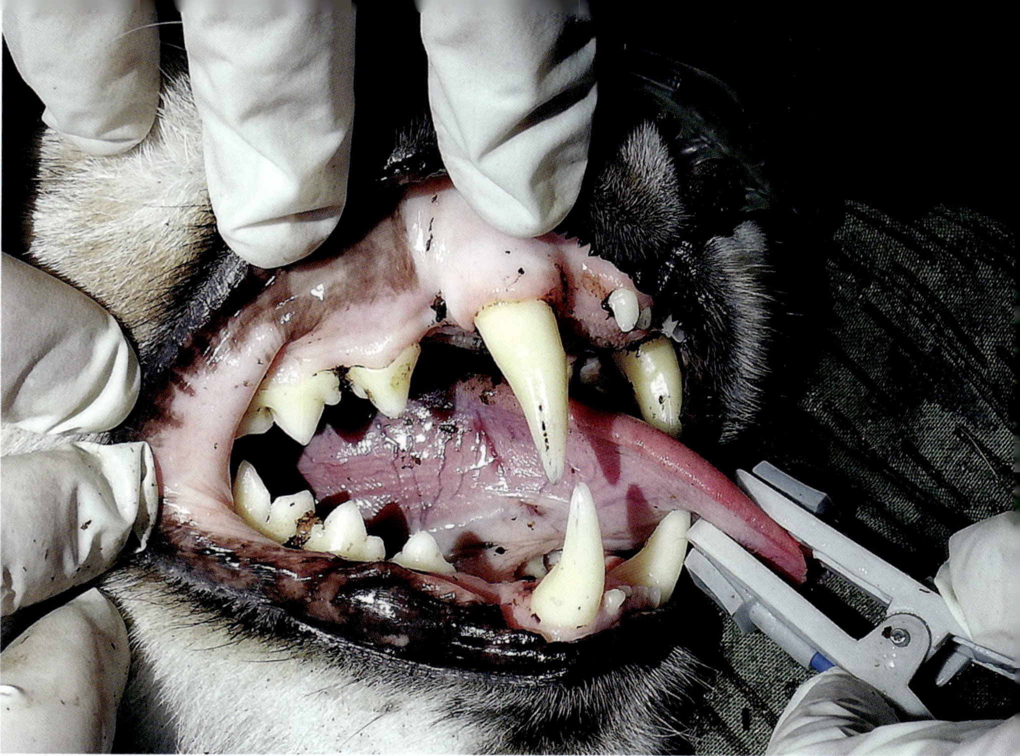

Der dritte Fang für ein neues Sendehalsband

Am Ende des Jahres 2021 unternahmen wir nochmal einen Versuch, *Lias* neu zu besendern. Wir wählten hierzu dieselbe Stelle wie beim zweiten Fang, um dort die Kastenfalle aufzustellen. Nach einigen Wochen kam *Lias* tatsächlich an die Falle und nutzte prompt unseren Köder für mehrere Tage. Da er am Fangtag unmittelbar im Bereich der Falle sein Tageslager hatte, konnten wir ihn bereits kurz nach 17 Uhr betäuben. Alles lief reibungslos und ohne Komplikationen.

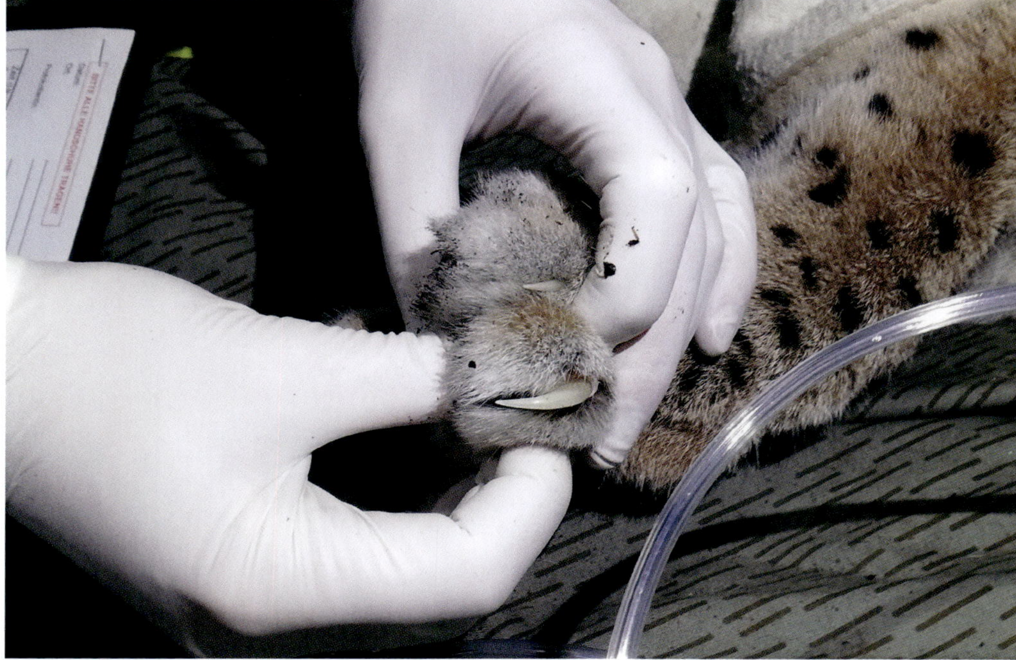

Lias mit Sender im Januar 2022

Drei Jahre lang Daten von *Lias*

Im Januar 2022 konnten wir nun auf drei Jahre zurückblicken, in denen wir *Lias* über seine GPS-Daten verfolgten. Das Tragen des Halsbandes wurde von den Tieren, nach meinen Beobachtungen, nie als störend empfunden. Ein weiterer Vorteil der Bänder besteht darin, dass Beobachter, die das Glück haben, den Tieren zu begegnen, sie sofort erkennen.

Jedes Bild, jede Aufnahme und jede Sichtung, die ich erleben durfte, werden immer eine Besonderheit meiner bisherigen Arbeit hier im Naturpark bleiben. Rückblickend war es eine sehr spannende Zeit, *Lias* zu begleiten. Obwohl manchmal etliche Tage vergingen, bis ein Lebenszeichen von ihm kam, und man tagelang auf neue Daten wartete, bereitete mir die Sicherheit, ihn in unserer Nähe zu wissen, ein rundherum zufriedenes Gefühl. *Lias* wurde und wird nie Alltag sein, obwohl er in dieser langen Zeit zu einem Stück Normalität in meinem Tagesablauf gehörte.

Lias mit Sender im Januar 2022

Im Schnitt wurden mir maximal drei bis vier Sichtungen durch Jäger, Autofahrer oder andere Beobachter gemeldet. Über Monate hinweg wurde *Lias* nicht ein einziges Mal gesehen. Meiner Meinung nach kann es durchaus vorkommen, dass einzelne Tiere selbst über ein ganzes Jahr lang sehr selten gesehen oder sogar überhaupt nicht wahrgenommen werden.

Selbst Spuren wurden nur sehr selten gemeldet, obwohl ich selber jeden Winter eine Vielzahl an Trittsiegeln und Spurverläufen aufnehmen konnte.

Meldungen von Jägern, die ein Fotofallenbild aus ihrem Revier hatten, trafen regelmäßig ein. Die anfänglichen Befürchtungen, dass die Jägerschaft keine Bereitschaft zeigen könnte, sich am Monitoring zu beteiligen, waren unbegründet.

Durch die Einrichtung des Luchs Info-Point bei der Burg Wildenstein im Jahr 2017 konnte ein wichtiger Baustein zur Aufklärung und Information installiert werden. Über die Jahre hinweg gelang es durch ihn, Abertausende von Besuchern zu informieren und aufzuklären. Allerdings wusste niemand zu diesem Zeitpunkt, wie lange das Thema Luchs im Naturpark bestand haben würde.

Sogar *Lias* hielt sich mehrmals direkt in der Nähe des Parkplatzes beim Info-Point auf.

Der Gamsriss von *Lias*, an dem wir unsere überraschende Begegnung an diesem Morgen hatten

Bei der Risskontrolle dem Luchs ganz nah

Gerade bei den Risskontrollen gab es immer wieder Situationen, die uns überraschten.

Bei der Kontrolle eines Clusters (mehrere Punkte des GPS-Senders) mit Hans, dem Revierleiter im dortigen Revier, trafen wir *Lias* fressend am Riss an. Da es etwas nieselte, konnte er uns offenbar nicht hören. So standen wir, angewurzelt wie Statuen, 20 Meter vor ihm. Als er uns nach 30 Sekunden bemerkte, gab er seinen Unmut über unsere Anwesenheit mit leichtem Knurren kund und zog sich dann langsam in die Felsen, die über uns lagen, zurück. Leider sahen wir keine Möglichkeit, diese Begegnung in Bildern festzuhalten.

Die Felswand, auf der sich der Steinadler niedergelassen hatte

Lias, 50 Meter vom Hochsitz entfernt, im hohen Gras

Auf der Suche nach einem Riss im Sommer 2020 wunderte ich mich über das Geschrei einiger Rabenvögel. Auf einem Felskamm vor mir saß auf einmal ein junger Steinadler, auf den Krähen und Dohlen hasten. Als er mich bemerkte, flog er übers Tal und verschwand auf der anderen Seite. Ich konnte aufgrund der Fraßspuren am gefundenen Riss nicht ausschließen, dass der Adler auch das Reh, das ich unterhalb der Felswand auf einer Wiese fand, mittlerweile als Atzung genutzt hatte.

Minuten später am Riss

Im Sommer 2020, als ich an einem Riss unmittelbar vor einer Kanzel ansaß, hatte ich eine weitere interessante Beobachtung. Kaum hatte ich den Hochsitz bezogen, kam *Lias* schon bei Tageslicht zum Riss zurück. Er saß zunächst in 50 Metern Entfernung im hohen Gras des Wildackers vor dem Hochsitz. Anstatt jedoch am Riss zu fressen, zog er direkt zum Hochsitz und schärfte zunächst an der Leiter unter mir seine Krallen.

Was für ein Erlebnis!

Und dann kam jener Morgen im Februar 2021, an dem ich nichts ahnend eine Anflugfläche mit Buchen kontrollierte und am GPS-Punkt anstatt eines Risses plötzlich vor einer Bache mit Frischlingen stand, die drei Meter neben mir ihren Kessel hatte.

Sie ließ mich mit deutlichem „Blasen" wissen, dass sie über meine Anwesenheit nicht erfreut war.

Im Kessel lag regungslos sogar noch ein Frischling. Ich entschloss mich dann für den leisen Rückzug. Der Schlauere gibt nach!

Wissenschaftliche Begleitung

Der Luchs ist ein heimlicher Waldbewohner, der hierzulande nur selten vorkommt. In Baden-Württemberg gibt es einige wenige, überwiegend männliche Individuen (Kuder), welche aus benachbarten Vorkommen (hauptsächlich Schweiz) zugewandert sind. Neben dem landesweiten Monitoring dieser gefährdeten Art obliegt dem FVA-Wildtierinstitut im Auftrag des Ministeriums für Ländlichen Raum und Verbraucherschutz (MLR) auch die Besenderung zugewanderter Luchse, um deren Raumnutzung und Nahrungswahl zu erforschen. Maßgeblich unterstützt wird das FVA-Wildtierinstitut dabei durch Personen aus Forst und Jagd, die Hinweise melden und Kontrollen einzelner Hinweise vor Ort durchführen. Ebenso arbeitet die FVA eng mit dem Landesjagdverband zusammen, der für die zugewanderten Luchse die Patenschaft übernommen hat.

WOHER KOMMEN DIE LUCHSE?

Vor rund 200 Jahren wurden Luchse in ganz Mitteleuropa ausgerottet. Inzwischen sind dort durch aktive Wiederansiedlungen mehrere Vorkommen entstanden (u.a. im Schweizer Jura, im Bayrischen Wald, im Harz und im Pfälzerwald). Luchse verhalten sich einzelgängerisch, nur während der Jungenaufzucht lebt die Luchsin mit ihren Jungen im Familienverband. Die Jungtiere verlassen im Alter von etwa einem Jahr ihre Mutter, um sich ein eigenes Territorium zu suchen. Dabei bevorzugen weibliche Tiere die Nähe zum mütterlichen Territorium. Die Kuder hingegen sind für die Ausbreitung der Population verantwortlich. Gerade junge Kuder legen oft große Strecken zurück. Einige Exemplare machen sogar vor Landschaften nicht Halt, die vom Menschen intensiv genutzt werden wie das Hochrheintal. In Baden-Württemberg wurden seit Anfang der 2000er Jahre immer wieder zugewanderte Kuder, die überwiegend aus der Schweiz stammen, nachgewiesen. Dies ließ sich anhand von Fotofallenbildern belegen. Luchs *Lias* konnte 2016 erstmals in der Nähe des Genfer Sees nachgewiesen werden. Details über die Wanderungen von *Lias* sind nicht bekannt, da er erst im Oberen Donautal wieder nachgewiesen wurde.

WIE SIEHT DIE RAUMNUTZUNG DER LUCHSE AUS?

Luchse haben einen großen Raumanspruch und leben in geringen Dichten. Im Schweizer Jura werden je nach Lebensraum Luchsdichten von 1,25 bis 2,61 selbstständigen Luchsen pro 100 km² beobachtet (KORA Berichte Nr. 62, 69 und 75d). Die durchschnittliche Territoriengröße weiblicher Luchse im Schweizer Jura liegt bei rund 185 km², die männlicher Luchse bei rund 283 km² (Breitenmoser-Würsten et al. 2007). Es gibt jedoch große Schwankungen, da sich zahlreiche Faktoren auf die Raumnutzung der Luchse auswirken. Dazu zählen beispielsweise die Beschaffenheit des Lebensraumes sowie die Nahrungsverfügbarkeit. Die An- oder Abwesenheit anderer Luchsindividuen in einer Region spielt ebenso eine Rolle wie individuelle Präferenzen.

Die in Abbildung 1 gezeigten Punkte sind Momentaufnahmen der täglichen Bewegungen von *Lias*, da das Halsband innerhalb von 24 Stunden nur rund viermal eine Position erfasst. Das genutzte Streifgebiet wird aus allen gesammelten Punkten ermittelt. Dieses Gebiet ist durch Exkursionen besonders zur Ranzzeit deutlich vergrößert. Um die unter dem Jahr regelmäßig genutzte Fläche zu ermitteln, werden diese Exkursionen im sogenannten MCP95-Verfahren (Minimum Convex Polygon) herausgerechnet. So ergibt sich das Territorium, in dem sich der Luchs vorwiegend aufhält.

	1. Besenderungsjahr	2. Besenderungsjahr	3. Besenderungsjahr	Durchschnittliche Flächengröße von Kudern aus anderen Regionen
Lias	S: 1.025 km^2 T: 226 km^2	S: 549 km^2 T: 176 km^2	S: 864 km^2 T: 492 km^2	-
Schweizer Jura	-	-	-	S: 465 km^2 T: 283 km^2
Bayrischer Wald/ Böhmerwald	-	-	-	S: 599 km^2 T: 445 km^2

Tabelle 1: Zusammenstellung der Flächengrößen der besenderten Luchskuder Lias und Toni sowie Durchschnittswerte aus Luchspopulationen (Breitenmoser-Würsten et al. 2007, Magg et al. 2016). Das Streifgebiet (S) wurde nach MCP100 und das Territorium (T) nach MCP95 berechnet.

Wie die Werte in Tabelle 1 zeigen, ist das Streifgebiet bei Luchs *Lias* im dritten Besenderungsjahr deutlich größer als im Vorjahr, jedoch kleiner als im ersten Jahr der Besenderung, als Luchs *Lias* zur Ranzzeit bis in den Kanton Schaffhausen (CH) wanderte (Abbildung 1). Im Vergleich zu den beiden Vorjahren ist das Territorium deutlich größer.

Lias nutzte zumindest in einzelnen Jahren deutlich größere Flächen, als das bei dem flächigen Vorkommen von männlichen und weiblichen Luchsen im Schweizer Jura der Fall ist. Ein wesentlicher Grund für das große Territorium von *Lias* dürfte darin liegen, dass er diese nicht gegenüber anderen Luchskudern verteidigen musste. Auch die weitläufige Suche nach Paarungspartnerinnen dürfte ein Grund für die großen Flächen sein. Die Ergebnisse dürfen aber nicht verallgemeinert werden, da bei solch einer geringen Stichprobe individuelle Vorlieben der Tiere die Ergebnisse stark beeinflussen. Offenkundig ist aber, dass die Größe der genutzten Fläche auch zwischen einzelnen Jahren deutlich variieren kann. Vorliegende vergleichende Lebensraumanalysen zwischen dem Schweizer Jura und dem Schwarzwald weisen darauf hin, dass im Falle eines flächigen Luchsvorkommens, z.B. im Schwarzwald, die Flächengrößen sich denen im Schweizer Jura angleichen würden (Herdtfelder 2012).

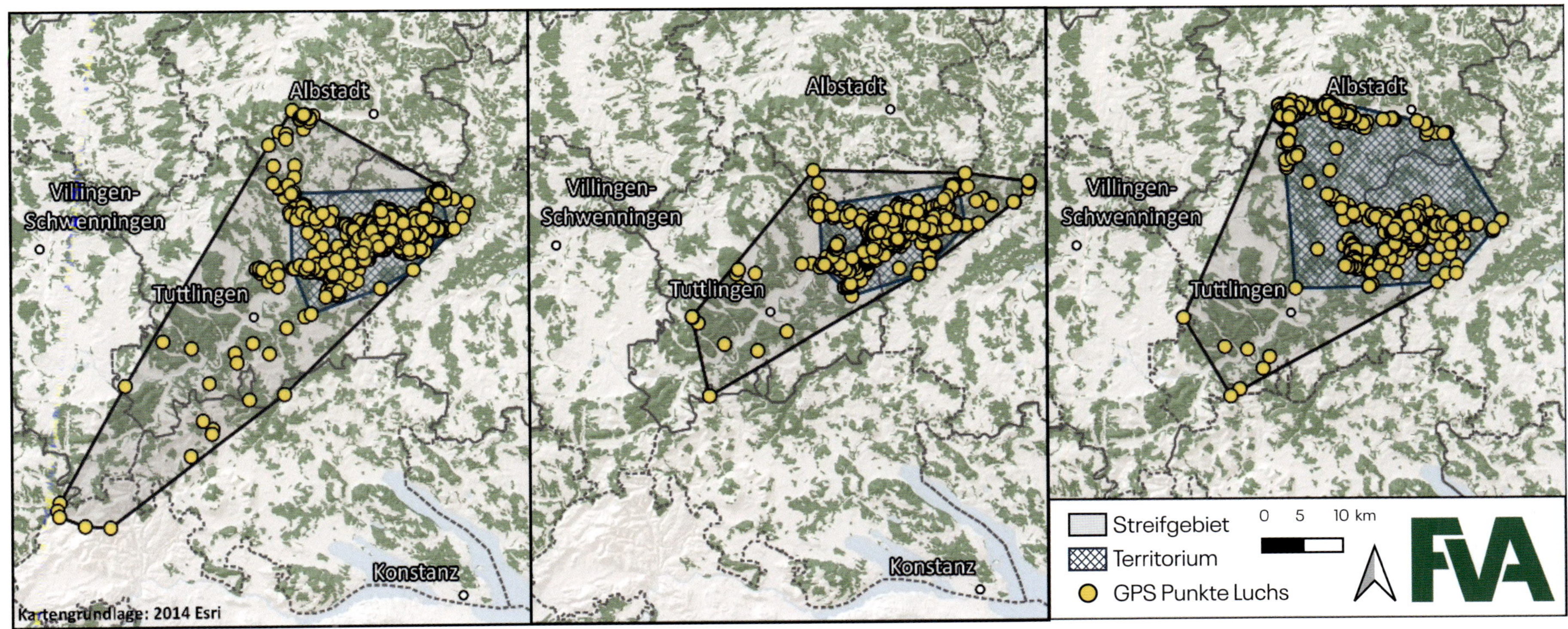

Abbildung 1: Streifgebiet und Territorium von Luchs Lias im Jahresverlauf jeweils vom 30.01. bis 30.01. des Folgejahres (Quelle: FVA).

WIE KÖNNEN GPS-PUNKTE AUF EINEN RISS HINWEISEN?

Durch die regelmäßige Auswertung der übermittelten GPS-Daten wird erkenntlich, wenn ein Luchs über einen längeren Zeitraum einen bestimmten Ort aufsucht. Durch wiederholte Peilpunkte an einem Ort entstehen Punktwolken auf der Karte, sogenannte Cluster. Da ein Luchs ein gerissenes Beutetier in der Regel über mehrere Tage hinweg nutzt und in dessen Nähe ein Tageslager bezieht, kann ermittelt werden, wo sich womöglich ein Riss befindet. Die ermittelten Cluster werden zeitnah kontrolliert, um herauszufinden, um welche Art Riss es sich handelt.

WIE SIEHT DAS BEUTESPEKTRUM AUS?

Die Clusterkontrollen geben einen umfassenden Einblick in die Nahrungszusammensetzung (Rehe, Gämsen, Hasen etc.) des besenderten Luchses. Allgemein ernähren sich Luchse in Mitteleuropa hauptsächlich von Schalenwild. Rehwild macht in der Regel den Hauptteil ihrer Beute aus. Je nach Verfügbarkeit werden auch andere Huftiere erbeutet. Ein adulter Luchs erbeutet durchschnittlich ein Stück Schalenwild pro Woche (Molinari-Jobin et al. 2002).

Luchs *Lias* erbeutete überwiegend Rehwild. Dies wird durch einen deutlich kleineren Prozentsatz von Gamswild ergänzt (Abbildung 2).

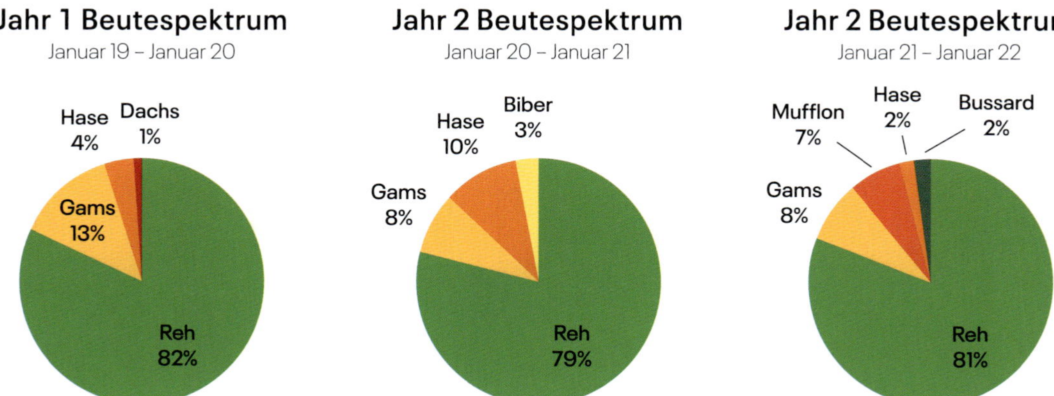

Abbildung 2: Beutespektren von Luchs Lias in drei Besenderungsjahren (Quelle: FVA).

In den drei Besenderungsjahren konnten teilweise auch Muffelwild, Hasen, Biber sowie ein Dachs und ein Bussard dokumentiert werden. Insgesamt erbeutete Luchs *Lias* im ersten Besenderungsjahr 75 Stück Schalenwild, im zweiten Jahr 53 Stück Schalenwild und im dritten Jahr 54 Stück Schalenwild innerhalb seines Territoriums, d.h. im Schnitt riss er etwa alle sechs Tage ein Stück Schalenwild. Auf die Territoriumsgröße des jeweiligen Besenderungsjahres von Luchs *Lias* bezogen, nutzte er im ersten Jahr pro 100 ha 0,31 Stück Schalenwild, im zweiten Jahr 0,28 Stück Schalenwild und im dritten Jahr 0,11 Stück Schalenwild. Die Werte variieren jedoch auch stark in den einzelnen Jagdrevieren. Im Vergleich dazu lag die Jagdstrecke 2020/21 bei 4,8 Rehen und 0,01 Gämsen pro 100 ha Gesamtfläche in Baden-Württemberg (Elliger 2021). Im Schweizer Jura und im Bayerischen Wald entnimmt ein Luchsvorkommen (d.h. Kuder + Katze + Durchzügler) im Durchschnitt 0,6 bis 1,5 Stück Schalenwild im Jahr pro 100 ha Lebensraum (Breitenmoser & Breitenmoser-Würsten, 2008, Heurich et al. 2016). Obwohl Luchs *Lias* nahezu gleich viele Stücke Schalenwild im zweiten (53 Stück) und dritten Besenderungsjahr (54 Stück) erbeutete, ist die Prädationsrate (Anzahl der Beutetiere in Bezug auf die Fläche) unterschiedlich, da auch die Territoriengröße unterschiedlich ist.

WIE GEHT ES WEITER?

Die gewonnenen Daten geben einen wichtigen Einblick in das Leben der sonst so heimlichen Luchse. Deutlich wird dabei, wie stark die Raumnutzung eines einzelnen Tieres im Lauf der Zeit schwanken kann. Um den Jägerinnen und Jägern im Land auch weiterhin Daten über die seltene Tierart präsentieren und diese wissenschaftlich auswerten zu können, streben die FVA und der LJV weiterhin die Besenderung von Luchsen im Land an. Hierfür werden alle Jägerinnen und Jäger um die unmittelbare Meldung von potenziellen Luchsrissen gebeten. Bestätigt sich der Luchsverdacht, so besteht die Möglichkeit, dass die FVA gemeinsam mit dem/der zuständigen Jagdpächter/in einen Fangversuch durchführt. Nach einer erfolgreichen Besenderung erfolgen Clusterkontrollen gemeinsam mit den Jägerinnen und Jägern vor Ort. Auf diese Weise wollen FVA und LJV die vertrauensvolle Zusammenarbeit im Luchsmonitoring weiter ausbauen.

Linda Kopaniak
Hannah Weber
Micha Herdtfelder
Forstliche Versuchs- und Forschungsanstalt Baden-Württemberg

Lias an seinem Riss im April 2021

Hat der Luchs in Baden-Württemberg eine Zukunft?

Ich habe in meinem Leben gelernt, dass nichts so sicher ist wie die Ungewissheit, was wohl der nächste Tag bringen wird. Allein die neuen GPS-Daten gaben oftmals eine überraschende Auskunft über den aktuellen Aufenthalt von *Lias*.

Viele Faktoren spielen für die Zukunft von Luchsen eine bedeutende Rolle. Der ausschlaggebende Faktor jedoch sind immer noch wir Menschen, mit der Entscheidung, diese Tiere auch bei uns zu dulden. Luchse sind ein kleiner, aber wichtiger Teil der gesamten funktionierenden Biodiversität. Letztendlich entscheiden wir, welche Chancen wir dieser Tierart geben.

Maßgeblich erscheint mir hierbei die Aufgabe der Jäger, die in ihrer Rolle als Tierschützer vor Ort in den Revieren einiges dazu beitragen können, dass ein Luchs in unseren Revieren ein Dasein hat. Illegale Abschüsse zeigen leider immer wieder, dass nicht jeder mit dem neuen vierbeinigen Jäger einverstanden ist.

Wie es mit *Lias* weitergeht, bleibt in diesem Moment ein Rätsel. Wie lange er noch im Bereich der Oberen Donau seine Fährte zieht, kann niemand sagen. Vielleicht zieht es ihn auch wieder in Richtung Süden, um dort sein Single-Dasein bei uns zu beenden.

Ohne aktive Schritte zur Wiederansiedlung von Luchsen zu unternehmen, wird der Luchs stets nur sporadischer Besucher in unserem Land bleiben. Unser Engagement zur Bestandstützung für diese bedrohte Tierart ist die Alternative, um diesem gefleckten Jäger eine echte Chance bei uns zu geben. Die aktive Wiederansiedlung im Schwarzwald, der als Knotenpunkt der Populationen im Pfälzerwald, den Vogesen, dem Schweizer Jura und den Luchsen in Bayern

gilt, wäre ein wichtiger Brückenpfeiler, um eine genetische Stabilität in Mitteleuropa zu erreichen.

Wenn unsere Gesellschaft bereit ist, etwas mehr Wildnis zu wagen, und wir den Raum, den gefährdete Arten benötigen, zur Verfügung stellen, wird es auch für Pinselohren, Wölfe und andere Tiere bei uns die Möglichkeit geben, unsere Natur durch ihr Vorkommen zu bereichern.

Wissen und Akzeptanz dienen als Wegweiser und Grundlagen für ein gemeinsames Miteinander. Ich hoffe, dass ich mit meiner Arbeit einen kleinen Beitrag dazu leisten kann.

Es bleibt zuletzt die Hoffnung, dass wir das Uhrwerk unserer Welt am Laufen erhalten und Artenschutz als Schutz der Lebensräume endlich verstanden wird. Für uns Menschen bildet es letztendlich die Grundlage für ein Leben auf diesem Planeten.

„

Save the earth!
Wer, wenn nicht wir, haben es in unseren Händen!

“

Danke!

An dieser Stelle möchte ich mich bei allen bedanken, die dazu beigetragen haben, diesen kleinen Einblick in meine Arbeit zu ermöglichen.

Da wären zunächst die Jungs und Mädels der FVA (Micha, Felix, Linda, Johannes, Jens und alle helfenden Hände). Danke für die gemeinsamen Erlebnisse. Never forget!

Auch an Karl vom WWF ein großes Vergelt's Gott!

Danke dem Naturpark Obere Donau und der Forstverwaltung Fürstenberg für die Möglichkeit, auf der Fläche präsent zu sein.

Den Jägern im Naturpark Obere Donau und dem Landesjagdverband Baden-Württemberg für die tatkräftige Unterstützung beim Monitoring.

Danke Euch allen!

Armin Hafner

Armin Hafner 1992

2022

Wenn die Maus gewusst hätte!

Glossar

abschärfen	abtrennen der Haut oder Körperteile
ansitzen	Warten des Jägers auf einer Jagdeinrichtung zur Wildbeobachtung
Decke	Haut eines Wildtieres
Drop-Off-Funktion	automatische Einrichtung zum Öffnen eines Halsbandes mit Zeiteinstellungsfunktion
Fangzähne	Eckzähne bei Raubtieren
Fellmuster	Anordnung der Punkte auf dem Fell bei Tieren
Fotofalle	Kamera mit automatischer Auslösung durch Bewegungsmelder
Frischling	kleines Wildschwein
FVA	Forstliche Versuchsanstalt, Sitz in Freiburg
GPS-Halsband	Funkhalsband, das Daten über Satellitenempfang sendet
Jährling	Rehbock im zweiten Lebensjahr
Kastenfalle	Falle für den Lebendfang von Wildtieren. Mit einem Köder wird das Tier in die Falle gelockt. Berührt das Tier den Faden darin, schließt sich die Falltüre.
Kehlbiss	Biss an der Luftröhre, um das Beutetier durch Ersticken zu töten
Keiler	männliches Wildschwein
Kelle des Bibers	beschuppter Schwanz des Bibers
Kessel	Schlafplatz von Wildscheinen

Kirrung	Kleine Futtermenge, um Wildtiere anzulocken
Losung	Kot von Wildtieren
Monitoring	Aufnahme von Daten aller Art (Sichtung, Bildnachweis etc.)
Naturpark	Großschutzgebietsform
nutzen	fressen des Beutetieres
Nutztierrisse	getötete Weidetiere (Schafe, Ziegen, Rinder)
Pinselhaare	Haarbüschel an den Ohren von Luchsen, die wie Pinsel nach oben stehen
Population	Gesamtzahl der Tiere einer Art auf einer bestimmten Fläche
Ranzzeit	Paarungszeit
Riss	Tier, das von einem Beutegreifer getötet wurde
Sika-Hirsch	asiatische Hirschart
Tageslager	Aufenthaltsort von Tieren während des Tages
Telemetriedaten	Funkdaten, die den Aufenthaltsort mit Zeit- und Ortsangabe benennen
Trittsiegel	Abdruck der Spur eines Tieres im Schnee oder Boden
Wechsel	Wege von Wildtieren im Gelände, die öfter benutzt werden
Wildtierkamera	selbstauslösende Fotofalle

Thomas Faltin
Wo die Alb am schönsten ist
Bildband
224 Seiten
28 x 22 cm, Hardcover
ISBN 978-3-8392-2870-8

So haben Sie die Schwäbische Alb noch nie gesehen: Dieser Band präsentiert mit stimmungsvollen Bildern und inspirierenden Texten die zehn schönsten Alb-Orte aus zehn Kategorien. Faszinierende Natur- und Kultur-Highlights, die oft abgeschieden liegen, von beeindruckender Ursprünglichkeit sind und voller Magie stecken.
Der bekannte Autor und Fotograf Thomas Faltin – er schreibt für die Stuttgarter Zeitung und die Stuttgarter Nachrichten – ist seit Jahrzehnten auf der Schwäbischen Alb unterwegs. Nach Tausenden von Wanderkilometern hat er erstmals diejenigen Plätze ausgewählt, die ihn am meisten berührt haben. Mit den beigefügten Wandervorschlägen können Sie auf seinen Spuren wandeln und sich selbst ein Bild von den 100 schönsten Orten der Schwäbischen Alb machen.